Karin Blessing (Hrsg.) **|** Silvia Langer **|** Traude Fladt

Natur entdecken
mit **Kindern**

3., neu bearbeitete Auflage

94 Farbfotos
23 Zeichnungen

Ulmer

Inhalt

Das Erlebnis Natur ...

... fängt schon vor der eigenen Haustür an. Dafür muss man gar nicht immer weit gehen. Auf dem Balkon, im Hausgarten, auf einen naturnah gestalteten Schulgelände, draußen in den Obstgärten, am Wegrain oder im Kindergarten und seiner Umgebung – überall lässt sich die Vielfalt des Lebendigen im Kleinen wie im Großen entdecken. Wir müssen nur der Natur eine Chance geben, sich zu entfalten und unseren Kindern ermöglichen, daran teilzuhaben.

Mehr denn je ist es heute erforderlich, Kinder ohne erhobenen Zeigefinger frühzeitig an die Natur heranzuführen, ihnen die typischen Tiere und Pflanzen der verschiedenen Lebensräume zu zeigen, aber auch Respekt vor dem Lebendigen zu vermitteln. Viele Kinder kennen heute mehr Handyklingeltöne als Vogelstimmen, mehr Computerspiele als Wildpflanzen. Doch erst Artenkenntnis und Naturwissen macht unsere Kinder kompetent! Spielerisch wird so ihre Bereitschaft zum Engagement für eine intakte Umwelt gefördert. Denn letztlich wird nur derjenige die Umwelt schützen, der die Natur kennt.

Wissen, das früher ganz selbstverständlich von Generation zu Generation weitergegeben wurde, geht heute zunehmend verloren. Aber nicht nur die Kenntnis der verschiedenen Pflanzen- und Tierarten, ihrer Lebensräume und die Wirkungszusammenhänge in den Lebensgemeinschaften, sondern auch das Wissen um gesund erzeugte Lebensmittel vom Acker nebenan und den Wert von Bewegung an der frischen Luft gilt es unseren Kinder zu vermitteln. Das Thema Naturentdecken hat also nicht nur mit Tieren und Pflanzen, Landschaft und Landwirtschaft zu tun, sondern auch mit der Zukunftssicherung unserer Gesellschaft.

Ob Eltern und Großeltern, Lehrerinnen und Lehrer, Erzieherinnen und Erzieher oder die vielen in der Jugendarbeit Engagierten, die Kirchen, Vereine und Ver-

bände: Sie alle sind gleichermaßen gefordert, der Wissenserosion in Sachen Natur entgegenzuwirken. Es macht Spaß, Kindern Erlebnisse zu vermitteln, die ihnen den Zugang zu Natur und Umwelt mit allen Sinnen ermöglichen. Ausgestattet mit einer großen Portion Phantasie, Neugierde und Wissensdurst entdecken Kinder in jeder Kaulquappe und in jeder unscheinbaren Raupe ein Wunder, das es zu bestaunen gilt. Unsere Kinder gehen viel unbefangener auf die Natur zu als wir Erwachsenen. Und alles, was wir ihnen in früher Kindheit vermitteln, können sie als Erwachsene immer wieder brauchen.

Dieses Buch zeigt praxisnah und mit zahlreichen Beispielen, wie wieder mehr Natur in die Umgebung von Kindergärten, Schulen und in die Hausgärten gebracht werden kann und wie diese von uns geschaffenen Elemente mit den natürlichen Lebensgemeinschaften in der näheren Umgebung vernetzbar sind. Die Beispiele und Praxis-Tipps beruhen auf verschiedenen Projekten und vielfachen Erfahrungen der Umweltakademie Baden-Württemberg und ihrer Partner. Den vielen Dialogpartnern gilt ebenso herzlicher Dank wie dem Verlag Eugen Ulmer für die Publikation dieses praxisorientierten Buches.

Claus-Peter Hutter
Leiter der Akademie für Natur- und Umweltschutz Baden-Württemberg

Kinder brauchen Natur

„Der gebildete Mensch
macht sich die Natur
zu seinem Freunde."
(Friedrich Schiller)

Lassen Sie uns einen Rückblick machen: Erinnern Sie sich noch an die Spiele, die Sie in Ihrer Kindheit draußen gespielt haben? Mit dieser Frage beginnen oft Seminare bei der Umweltakademie Baden-Württemberg. Erstaunlich ist dabei immer wieder, wie lebendig und fest verankert die Naturerfahrungen der Kindheit auch nach vielen Jahren noch für die Befragten sind. Da wurden Bäche in kleine Stauseen verwandelt, hohe Bäume als Aussichtstürme erklettert, versteckte Lager und Hütten im Wald gebaut, Tierspuren verfolgt, bunte Blumen gepflückt und vieles mehr.

Gestatten Sie uns nun eine gemeinsame Vorschau: Was werden die heutigen Kinder wohl über ihre Naturerfahrungen später als Erwachsene berichten können? Dieser Frage folgt meist ein etwas unbehagliches Schweigen, gefolgt von Seufzern, wie gut man es doch selbst noch hatte – als Kind in einer noch „heileren" und weniger komplizierten Welt. Werden die Erwachsenen von morgen noch begeistert von ihren Abenteuern in geheimnisvollen Hecken und Wäldern berichten, von den gemeinsamen Spielen auf blühenden Frühlingswiesen oder ihren ersten spannenden Begegnungen mit den eigentümlichsten Insekten? Oder

werden ihre Antworten geprägt sein vom Mangel an Naturerlebnissen, weil dazu keine Zeit war und weil die Ersatzerlebniswelten „Fernsehen" oder „Computer" leichter zugänglich waren?

Kinder von heute brauchen Natur, um zu lernen, als Erwachsene von morgen verantwortungsvoll zu leben und zu handeln. Wir als Erwachsene von heute brauchen beide: die Natur als Grundlage jeglichen Lebens und die Kinder, um nicht zu verlernen, dass wir Verantwortung tragen für unsere Umwelt und unsere Zukunft. Gemeinsam mit Kindern und Jugendlichen Natur kennen zu lernen, ist Ziel dieses Buches. Aufbauend auf den langjährigen Erfahrungen aus vielen Seminaren der Umweltakademie Baden-Württemberg und ihrer Partnereinrichtungen sowie vielen Initiativen zur Umwelt- und Nachhaltigkeitsbildung wird aufgezeigt, wie sich mit Kindern und Jugendlichen ganz ohne erhobenen Zeigefinger **Natur entdecken, wahrnehmen und begreifen** lässt. Dabei wird auch deutlich, dass Naturkontakte überall und jederzeit möglich sind – sei es im Hausgarten, im Außengelände von Kindergärten oder Schulen, ja manchmal mitten in der Stadt: Mit allen Sinnen findet man immer wieder aufs Neue ins Wunderland Natur.

Schon der Blumenkasten auf dem Balkon oder der Wilde Wein im Hinterhof bieten Ansätze, um ökologische Grundlagen deutlich zu machen. Von diesen – auch für Kinder – schon über-

Aktivitäten in der Natur gibt es so zahlreiche wie Blumen auf der Wiese!

schaubaren Beispielen ausgehend, ist es dann leichter, globale Zusammenhänge aufzuzeigen. Und dies ist in Zeiten des Klimawandels und vieler anderer Herausforderungen für die nachhaltige Entwicklung notwendiger denn je. Der Holunderbusch neben dem Kindergarten oder der Schulturnhalle ist dann nicht mehr nur eine Pflanze, sondern auch Lebensraum für eine Vielzahl von Tieren. Und der Strauch an sich ist Teil einer Lebensgemeinschaft und mit den Hecken draußen auf dem Feld oder sogar in weit entfernten anderen Kontinenten durch Zugvögel wie zum Beispiel die Mönchsgrasmücke verbunden.

Die Spiele, Experimente und Bastelanleitungen in diesem Buch sind für jede der beschriebenen „Natur-Ecken" in folgende drei Kategorien unterteilt:

■ Für Entdecker

Um den spielerischen Einstieg in die faszinierende Welt der Natur zu erleichtern, finden sich unter dem Stichwort „Für Entdecker" verschiedene – praktisch erprobte – Anregungen und Spiele, wie Natur mit allen Sinnen entdeckt werden kann. Die Natur bietet alles, was man zum Spielen braucht: Hier können Kinder sich verstecken, entdecken, rennen, lautlos schleichen, auf Bäume klettern und balancieren, mit Sand und Lehm bauen und formen, mit Naturenergien experimentieren und vieles mehr. Bei Natur-Erlebnis-Spielen steht deshalb nicht die Wissensvermittlung im Vordergrund: Vielmehr kommt es darauf an, die Zeit und den Raum zu nutzen, um persönliche Bezüge zur Natur zu ermöglichen.

Naturkenntnisse und Zusammenhänge im Naturkreislauf können Sie den Kindern ganz beiläufig beim Beantworten von Fragen, die bei solchen Natur-Erlebnis-Spielen von allein entstehen, vermitteln.

■ Für Spürnasen

Sollen Tiere und Pflanzen wahrgenommen werden, brauchen die Kinder und Jugendlichen vielseitige Sinneseindrücke. Sie lernen beispielsweise, Bäume nicht nur an ihrer Gestalt oder an ihren Blattmerkmalen zu erkennen, sondern auch, dass jede Rinde einen besonderen Duft hat und jeder Baum ein spezielles Rauschen der Blätter im Wind! Spannend und wichtig ist auch die Beziehung des Baumes zu anderen Bäumen, zum Boden, zur Luft, zu den Tieren und zu anderen Pflanzen und Lebensräumen. All dies können die Kinder aktiv erkunden und wahrnehmen.

Ziel ist es, das Stück Natur in seiner Gesamtheit und in seiner Beziehung zur umgebenden Landschaft zu erfassen. Dies kann mit Spielen, Geschichten oder Reimen geschehen, durch Exkursionen, kurz- und langfristige Beobachtungen sowie spannende Experimente.

■ Für Bastler

Bei der Arbeit mit Naturmaterialien können Kinder der eigenen Fantasie wieder freien Lauf zu lassen, zusätzlich fördert sie die Kreativität. Im aktiven Anfassen, Bearbeiten und Begreifen von Naturmaterialien wie Steinen, Ästen oder Wurzeln mit Messer, Säge und Bohrer werden auf spielerische Weise beim Kind

Kräfte entfaltet, die als Lebens- und Naturerfahrungen die seelische Entwicklung positiv fördern.

Somit gehört kreatives Gestalten ebenso wie Bewegung, Spiel und andere Ausdrucksformen zu den Grundbedürfnissen von Kindern. Mit ihren Werken können sie sich mitteilen und ihre Gefühle offenbaren. Gleichzeitig ist es für sie aber auch ein Weg, um Erlebtes zu verarbeiten, neue Ideen zu entwickeln und ihre eigene Persönlichkeit in Zusammenhang mit ihrer Umwelt zu bringen. Kreativität wirkt sich also positiv auf das Selbstbewusstsein und das Selbstvertrauen der Kinder und Jugendlichen aus.

Hand-Werken ist die Hand zu entfalten.
(Rudolf Hettich)

Die Natur wirft reichlich Bau- und Bastelmaterial einfach vor unsere Füße!

Kinder wollen Wissen

Trotz steigendem Umweltbewusstsein nehmen Naturkenntnisse stetig ab. Und so kennen heute viele Kinder weit mehr Handyklingeltöne als Vogelstimmen.
(Claus-Peter Hutter)

Früher war es für Kinder einfacher, mit der Natur in Kontakt zu kommen. Aufgewachsen auf dem Land oder in einem kleinen Dorf, kannten sie oft nichts anderes als ihre natürliche Umgebung. Zum Spielen blieb den Kindern wenig Zeit, denn meist mussten sie den Eltern bei ihrer Arbeit im Stall oder auf dem Feld mithelfen. Die Natur war somit Teil des Lebens, sie schuf die Lebensgrundlagen und sicherte das Überleben. Doch die Zeiten änderten sich: Heute arbeiten kaum mehr als 2 % der Bevölkerung in Deutschland in der Land- oder Forstwirtschaft. Dadurch hat sich das Umfeld geändert, in dem unsere Kinder heute aufwachsen. Natur entdecken die Kinder nicht mehr nebenher wie früher, als man der Mutter beim Einkochen half oder dem Vater beim Bäumeschneiden im Obstgarten zur Hand ging. Deshalb müssen Natur-Abenteuer heute mehr und mehr bewusst geschaffen werden.

Mehr als Raupe und Schmetterling

Sobald Kinder einmal selbst miterlebt haben, wie sich aus einer Raupe ein hübscher Schmetterling entwickelt, wie eine Schnecke mit ihrer Reibezunge ein Salatblatt abraspelt oder wie sich aus einer Knospe langsam eine Blüte entwickelt, setzen sie sich aktiv mit diesen kleinen Wundern auseinander. Und schon bald werden sie diese faszinierenden Dinge immer häufiger in ihrer Umwelt wiederfinden. Im Garten, am Bach, unter Steinen – überall werden sie plötzlich die verschiedensten Schnecken finden, die nicht nur alle unterschiedlich aussehen, sondern verblüffenderweise auch an völlig verschiedenen Orten zuhause sind.

Je mehr solcher Natur-Abenteuer ein Kind erlebt, desto dringender wird sein Wunsch, diese gesammelten Eindrücke zu ordnen und Zusammenhänge, Gemeinsamkeiten oder Unterschiede zu entdecken. Es entdeckt, dass alle Pflanzen zuerst Knospen und dann Blüten entwickeln. Aber auch Unterschiede werden ihm bewusst, zum Beispiel, dass nicht aus jeder Raupe ein wunderschöner Schmetterling schlüpft.

Bei den Beobachtungen allein wird es also nicht bleiben. Kinder wollen ihre Umwelt verstehen und ihre eigene Beziehung zu ihr finden. Ausgedehnte und persönliche Erlebnisse in der Natur führen deshalb zu einer intensiven Auseinandersetzung und bedeuten für Kinder aktives und dynamisches Lernen. Nur wenn Kinder ihre natürliche und auch ihre soziale Umgebung aktiv erleben, wahrnehmen und begreifen können, werden sie Zusammenhänge und Beziehungen in der Natur und zwischen Mensch und Natur erkennen und verstehen lernen. Dies ist die Voraussetzung für einen schonenden und verantwortungsvollen Umgang mit ihrer gesamten „Lebens-und-Erlebnis-Welt".

Welches Kind hilft heute noch beim Schneiden von Obstbäumen oder Weiden?

Natur macht fit

Eine natürliche Umwelt fördert die gesunde Entwicklung der Kinder. Betrachtet man beispielsweise eine Hecke im Vorgarten, so verändert sie im Jahresverlauf ständig ihr Aussehen. Im Frühjahr besticht sie durch ihre Blütenpracht, im Sommer durch ihr grünes, Schatten spendendes Laub. Ihr buntes Laub setzt im Herbst fröhliche Farbtupfer im Garten und im Winter geben die verschiedenen Silhouetten der Sträucher dem Garten eine unverwechselbare Struktur. Neben diesem Wechsel an Farben und Formen im Jahresverlauf gehören Hecken aber auch zu den wichtigsten „Lebensräumen" für Kinder. Sie geben Geborgenheit, bieten ideale Verstecke und ermöglichen ein von den Erwachsenen unbeobachtetes Spiel. Hecken bieten so – beispielgebend für die gesamte Natur – zweierlei: ständige Veränderung, aber auch die Erfahrung von Geborgenheit.

Die natürliche Umwelt beeinflusst also ganz entscheidend die psychische Entwicklung von Kindern: Zum einen schafft sie vielfältige Reize, die die Entwicklung der Kinder enorm fördern können. Zum anderen gibt eine natürliche Umgebung den Kindern das Gefühl von Sicherheit und Geborgenheit. An einem Platz, an dem sie sich sicher und geborgen fühlen, wagen sie es auch, ihrer Neugierde zu folgen und neue Erlebnisse zu suchen. Diese enge, Sicherheit spendende Funktion der Natur zeigt sich auch in der oft lebenslangen „Seelen-Verwandtschaft" von Menschen und Bäumen. Der „Baumfreund" aus der Kinderzeit wird immer mehr als eine Pflanze sein: ein zuverlässiger, verschwiegener Freund, ein beseeltes Wesen, das Geborgenheit und Schutz gibt, Spielplatz und Erinnerungshort ist.

Naturschützer von morgen

Der Verlust an Alltagswissen über Natur, Landschaft, Landwirtschaft, Ernährung und Umwelt hat viele Ursachen. Es liegt einmal daran, dass vielen Kindern heute nur wenig Gelegenheit gegeben wird, „draußen" zu spielen. Doch früher war es nicht nur das Spiel, welches Kinder mit der Natur in Kontakt brachte, sondern auch die Mithilfe in der Landwirtschaft, im Gemüsegarten oder bei der Pflege und Ernte der familieneigenen Obstbaumwiese. Heute werden Landschaft und Natur für viele Menschen zunehmend zur grünen Kulisse für Freizeitbeschäftigung, ohne Heimatbezug und Bodenhaftung. Selbst ererbtes Eigentum in der Kulturlandschaft – etwa eine Streuobstwiese – reizt die jüngere Generation nur selten, diesen Lebensraum zu nutzen, zu pflegen und zu erleben. Aktive Auseinandersetzung mit den heimischen Landschaften und deren Agrarökosystemen findet also kaum mehr statt. Dies ist jedoch eine wichtige Voraussetzung für das Wissen um eine nachhaltige Entwicklung.

Was sind nun die Gefahren des abnehmenden Wissens in Sachen Natur? Menschen mit mangelnden Naturkenntnissen ...

– kennen kaum mehr den eigenen Heimatraum,
– kennen kaum mehr Tiere und Pflanzen, heimatliche Flüsse und Bäche oder Flurnamen des Heimatraums,

Ein großer und zuverlässiger Freund.

– verlieren Heimatbezug und landschaftliche Identität,
– vermissen fehlende Arten nicht, da sie diese Arten gar nicht kennen gelernt haben. Ist es früher aufgefallen, dass etwa die Störche aus einer Landschaft verschwunden sind, so wird heute kaum bemerkt, wenn Arten wie Fliegenschnäpper oder Heckenbraunelle verschwinden, weil diese niemand mehr kennt,
– sind nicht in der Lage, Veränderungen in der Landschaft zu erkennen und zu bewerten,

– können sich nicht für Landschaftsvielfalt und Erhaltung der Artenvielfalt einsetzen; sie werden ökologisch und damit auch ökonomisch unmündig,
– kennen Nutzpflanzen als Basis für umweltverträglich erzeugte regionale Lebensmittel nicht mehr,
– kennen Zusammenhänge zwischen umweltverträglicher Landwirtschaft, deren Produkten und deren Verarbeitung, dem eigenen Lebensstil, der Erhaltung der eigenen Gesundheit, dem Erhalt bäuerlicher Strukturen und der biologische Vielfalt in der Landschaft nicht mehr.

Das Wissen über die Natur ist Voraussetzung, um im Sinne einer nachhaltigen Naturnutzung und Umweltvorsorge handeln zu können. Doch dieses spezifische Wissen reicht noch nicht aus: Um Vorsätze tatsächlich in Taten umzusetzen, sollte für unsere Kinder „Engagement" kein Fremdwort sein. Und wenn es nur im Kleinen ist: Wenn wir Abfall beim Spaziergang aufheben und mitnehmen, statt nur darüber zu schimpfen, lernen die Kinder, Dinge selbst in die Hand zu nehmen, anstatt sich auf andere zu verlassen.

Wenn also Eltern und Großeltern ihren Kindern und Enkeln etwas Gutes tun wollen, dann sollten sie sie von den Computerspielen weglocken und dazu ermuntern, mehr Zeit im Freien zu verbringen. Und wenn die Oma den Enkelkindern zeigt, wie man einen leckeren Apfelkuchen backt oder einen herzhaften Kartoffelsalat zubereitet, so hilft dies Natur und Kultur. Traditionelles kulturelles Wissen bleibt erhalten und damit die Bereitschaft, die dazugehörende Landschaft zu schützen. Die Weitergabe alten Volkswissens ist deshalb das beste Vermächtnis für die jüngere Generation.

Essen-Wissen
Die Abnahme des Naturwissens erstreckt sich gerade auch auf das Essen. Viele Menschen heute sind Analphabeten in Sachen Ernährung. Sie wissen nicht, wo Vitamin A oder B drinsteckt, haben keine Ahnung von Ballaststoffen oder wozu Folsäure gut ist. Kochen? Nein, danke! Fehlernährung und Fettleibigkeit haben ihre Ursache auch im fehlenden Wissen um grundlegende Zusammenhänge: Natur, Kulturlandschaften, Landwirtschaft und gesunde Nahrung gehören zusammen! Es muss schon zu denken geben, wenn die Folgekosten ernährungsbedingter Krankheiten in Deutschland jährlich bereits 40 Milliarden Euro betragen.

Spiel – nicht nur Spaß und Spannung

„Der Mensch spielt nur,
wo er in voller Bedeutung des Wortes
Mensch sein kann,
und er ist nur da Mensch,
wo er spielt."

(Friedrich Schiller)

Kinder erleben ihre Umwelt im Spiel und mit all ihren Sinnen. Interessante Objekte werden angefasst, befühlt, ertastet, berochen, geschmeckt, erlauscht. Spielerisch *erfassen und begreifen* sie ihre Umwelt. Spielen bedeutet für sie aber noch mehr: Für Kinder ist Spielen Lebenszweck. Sie entdecken Grenzen, setzen sich mit Gefahren auseinander, erproben ihre Kräfte und Fähigkeiten und üben Geschicklichkeiten. Im Spiel ahmen Kinder die Welt der Erwachsenen nach und verarbeiten darin ihre Erlebnisse und Wahrnehmungen. Dadurch gelingt es ihnen, Lösungen für Konflikte zu finden und ihre persönliche Beziehung zu ihrem sozialen Umfeld zu festigen. Sie üben im Spiel, sich mit dem sozialen Leben auseinanderzusetzen, Kontakte aufzubauen und notwendige Grenzen zu ziehen. Das heißt, Kinder spielen, um leben zu lernen und ihr eigenes Selbst im Leben zu finden.

Auch Jugendliche spielen, wenn auch anders. Mit dem Beginn der Pubertät sind die 13- bis 18-jährigen auf der Suche nach einer neuen Identität. In dieser Zeit streifen sie bisherige Gewohnheiten und Verhaltensmuster ab und entwickeln eine neue Persönlichkeit. Sie suchen einen Platz unter den Erwachsenen, deren Verhaltensweisen sie noch nicht richtig einzuschätzen wissen, und welche die unterschiedlichsten Erwartungen und Forderungen an sie stellen. Solange sie ihre eigene Identität noch nicht gefunden haben, befinden sich Jugendliche in einer Krise. Je länger Krisen andauern, je weiter man sich von der Lösung des Konflikts entfernt sieht, desto aggressiver und (selbst-) zerstörerischer wird das Handeln.

Jugendliche brauchen deshalb ein Umfeld, in dem sie eine Nische für sich finden können. Einen Raum, der Erlebnis bietet, der es ermöglicht, sich von den scheinbar übersteigerten Forderungen und Erwartungen Erwachsener zurückzuziehen, einen Raum zum Wohlfühlen, Geborgensein, einen Raum, in dem sie sich selbst verwirklichen können und so ihre Identität finden. Auch Jugendliche brauchen Spielräume, in denen sie unbeobachtet das „ernste" Leben der Erwachsenen spielen und üben können.

Einfach nur spielen – aber wo?

„Kinder sind sehr anspruchslos,
sie brauchen lediglich eine natürliche
Umgebung,
um zu spielen und damit gleichzeitig auch
zu lernen.

Kinder sind aber auch sehr anspruchsvoll,
denn sie nehmen uns Erwachsene in die
Verantwortung,
eine natürliche Umgebung für sie zu
bewahren."
(Alex Oberholzer)

Kindsein bedeutet Bewegung und aktives Handeln! Kinder möchten mitgestalten, sie lernen ihre Umwelt durch aktives „Tun" zu begreifen. Jede Bewegung
ermöglicht dabei einen neuen Eindruck,
mit welchem auch eine Sinneswahrneh-
mung verbunden ist. Dadurch können
Zusammenhänge und Beschaffenheiten
von unterschiedlichen Objekten erfasst
und Erfahrungen gesammelt werden. In
einer natürlichen Umgebung erfahren
Kinder, dass ihre Umwelt und somit
auch das gesamte Leben sich ständig
verändert. Verändert sich aber die Natur,
verändern sich auch die Erlebnisse und
die Spiele in ihr. An einem Regentag
ergeben sich andere Spiele als bei Sonnenschein, im Frühjahrswald entdeckt
man andere Geheimnisse als im Winter-
wald. Dieser reiche Erfahrungsschatz ist
die Quelle kreativer Prozesse, die es den
Kindern ermöglichen, nicht in ihrer Entwicklung stehen zu bleiben, sondern
ihre eigene dynamische Beziehung zu
ihrer Umwelt aufzubauen.
  Spielen macht deshalb erst in einer
möglichst reizvollen Umgebung so richtig Spaß – in einer Umgebung, die reich

Die Ausrüstung für den Naturforscher

Als Hilfsmittel für Beobachtungen dienen:

- ☒ **Klapplupen** (mindestens 10-fache Vergrößerung, wenn möglich auch

- ☒ **Becherlupen**. Becherlupen bestehen aus einem Becher und einem Deckel, in dem die Lupe integriert ist. Sie sind ideal für kleine Kinderhände, weil Insekten in ihnen einfacher – und, vor allem ohne dass ihnen etwas passiert – beobachtet werden können;

- ☒ ein **Kescher** zum Fangen von Wasserinsekten;

- ☒ verschiedene **Bestimmungsbücher**;

- ☒ ein **großes, weißes Tuch**, auf dem gesammelte Schätze ausgelegt werden (am preisgünstigsten aus Nesselstoff);

- ☒ **weiße Behältnisse** für Wasseruntersuchungen, denn darin heben sich die kleinen Wassertiere besser ab als in bunten und durchsichtigen Gefäßen;

- ☒ mehrere **Stofftaschen oder -beutel** zum Sammeln von Pflanzenteilen und anderen Dingen;

- ☒ **feine Pinsel**, mit denen kleine Tiere vorsichtig von Steinen, Zweigen oder Blüten in die Becherlupen befördert werden;

- ☒ eventuell **Federpinzetten**, mit denen man die Tiere festhalten kann, ohne sie dabei zu verletzen;

- ☒ **Schnur** (Paketschnur oder dünnere Schnur zum Anbringen von Dingen);

- ☒ ein **Taschenmesser**;

- ☒ ein **Fernglas**;

- ☒ **Papier** und **Stifte** (Wachsmalkreide, Holzstifte);

- ☒ eventuell eine **Schreibunterlage**;

- ☒ **Verbandsmaterial** für Verletzungen.

strukturiert ist und damit Abwechslung bietet, die Verstecke und Rückzugsräume zulässt, in der man verträumte lauschige Plätze findet und in der Neugierde und Wissensdurst der Kinder und Jugendlichen befriedigt werden können. Welcher Ort eignet sich hier besser als die natürliche Umwelt mit ihren Hecken und Gebüschen, dem Walddickicht, den Wiesen und Feldern, den Bächen und Flüssen? Nirgendwo sonst werden dem Menschen so vielfältige und unterschiedliche Reize geboten, nirgendwo sonst lässt sich die Beobachtungs- und Wahrnehmungsgabe so gut schulen und nirgendwo sonst macht Spielen und damit auch Lernen so viel Spaß!

Mehr Naturnähe lässt sich aber auch in nahezu allen Freiräumen mit wenig Aufwand schaffen: Bereiche zum Spielen und Toben oder die Rückzugs- und Erzählecke mit Bäumen und Sträuchern und naturnaher Weggestaltung können zu regelrechten „Experimentier- und Erfahrungswelten" gestaltet werden. Je vielfältiger und interessanter die Außenanlagen mit Naturmaterialien ausgestattet sind, desto größer ist der Lern-, Entdeckungsund Experimentierbereich für Kinder, Jugendliche und auch Erwachsene.

Natürlich gibt es keine Patentrezepte für die Gestaltung von Außenanlagen. Doch schauen wir uns einmal in der freien Natur um: Überall finden wir einzigartige Biotope, die die Natur geschaffen hat und die uns als Vorbilder dienen

können. Wer Landschaftselemente naturgetreu und sinnvoll in seinem Garten nachgestalten will, sollte die Natur als die beste „Gartenarchitektin" zu Rate zu ziehen.

Mit dem Natur-Erlebnis-Rucksack unterwegs

Das richtige Spiel, zur richtigen Zeit, am richtigen Ort. In den Seminaren im Akademie-Lehrgarten in Bietigheim-Bissingen werden die verschiedensten Lebensräume aktiv erkundet. Ob nun „Tümpel", „Wiese" oder „Trockenmauer" auf dem Programm steht – bei den Natur-Erlebnis-Touren müssen alle wichtigen Materialien zum Spielen und Beobachten immer dabei sein.

Für diesen Zweck und zum Nachmachen für alle, die selbst mit Kindern in der Natur unterwegs sein wollen, hat die Umweltakademie Baden-Württemberg einen Natur-Erlebnis-Rucksack entwickelt und getestet. Darin sind Kescher, Lupen, Augenbinden, Leintücher, Behältnisse zur Wasseruntersuchung etc. und außerdem die wichtigsten Bestimmungsbücher immer griffbereit – die vollständige Ausrüstung steht im Kasten links. Aber selbst ohne eine solche Ausstattung: Entscheidend ist ganz einfach, dass wir überhaupt mit Kindern in die Natur hinausgehen.

Blumenwiese – Farbenpracht und Krabbeltiere

Je ärmer, desto reicher

Pusteblume, Löwenzahn,
zünde Deine Lichter an.
Tausend Samen fliegen fort,
blühen bald an jedem Ort.
Nächstes Jahr fängt's wieder an –
Pusteblume – Löwenzahn.

Im Frühjahr verwandeln die saftig-gelben Blüten der Wiesen-Schlüsselblumen, des Löwenzahns und des Scharfen Hahnenfußes Wiesen in ein goldenes Blütenmeer. Nicht nur Kinder und Erwachsene erfreuen sich nach den langen Wintermonaten an dieser Blütenpracht. Auch die Insekten sind nun auf der Suche nach lebenswichtigem Nektar. Mit ihren langen Saugrüsseln holen die Hummeln den Nektar vom Grund der Blütenröhre der Schlüsselblume und bestäuben dabei gleichzeitig die Pflanze. Und auch der Hahnenfuß mit seinen strahlig angeordneten Blütenblättern wird gerne von Nektar suchenden Bienen und Fliegen besucht.

Im Frühsommer lösen die roten Lichtnelken, die rotvioletten Blütenköpfchen der Skabiosen-Flockenblume, der Rot-Klee, die blauen Glockenblumen und der blauviolette Wiesen-Salbei nach und nach die goldene Frühjahrspracht ab. Der Spätsommer gibt sich zurückhaltender. Zwischen den schillernden Blütenrispen der Gräser herrschen blassere Farben vor, so beispielsweise die weißgelben Korbblüten der Margerite oder das reine Weiß des Bärenklaus. Die Pflanzenpracht verabschiedet sich schließlich im Herbst mit den hellvioletten Blüten der Herbst-Zeitlosen. So ist es auch nicht verwunderlich, dass bei dieser Vielfalt an Pflanzen auch der Artenreichtum an Tieren auf einer Wiese besonders hoch ist. Über 1500 Insekten- und Spinnenarten können auf einer Blumenwiese vorkommen!

Nun gibt es heute sicherlich noch zahlreiche Wiesenflächen – nicht alle zeigen aber diese Blütenpracht. Woran mag das liegen? Zum einen sicherlich an natürlichen Gegebenheiten wie Bodenbeschaffenheit, Bodenfeuchtigkeit und Kleinklima. Auf Böden mit guter Nährstoffversorgung und Bodenfeuchte gedeihen beispielsweise die so genannten **Frischwiesen**. Sie erkennt man an den typischen Vertretern wie Wiesen-Schaumkraut, Wiesen-Kerbel, Schafgarbe, Margerite oder Glockenblume.

Magerrasen entstehen dagegen auf nährstoffarmen, flachgründigen und oft trockenen Hängen. Auf Magerrasen wächst eine besonders artenreiche Vegetation, zu der auch viele Gewürz- und Heilkräuter zählen. Neben Tauben-Skabiose, Zypressen-Wolfsmilch und vielen Ragwurz-Arten trifft man hier auch auf würzig duftenden Thymian, Odermennig oder Wilden Majoran.

Auch wir Menschen beeinflussen die Blütenpracht einer Wiese. Durch Überdüngung, den Einsatz von Pflanzenschutzmitteln und zu häufiges Mähen wurden viele Blumenwiesen in kurz gemähte Scherrasen verwandelt – und

Zarte Blüten in der Blumenwiese: ein Wiesen-Storchschnabel.

diese eignen sich wahrlich nur zum Fußballspielen und Herumtoben. Natur erlebt man mit Kindern und Jugendlichen aber nur auf blüten- und strukturreichen Frisch- oder Magerwiesen. Deshalb sollten auch auf Rasenflächen die wenig betretenen Randflächen wieder an die Blumen und Insekten zurückgegeben werden. Hübsch sind auch kleine „Blumeninseln", die man beim Mähen des Rasens stehen lässt. Schon diese kleinen Inseln lockern das strenge Erscheinungsbild eines Rasens deutlich auf, und sie locken Insekten herbei.

Nimmt man sich vor, die gesamte Rasenfläche in eine naturnahe Wiese zurückzuverwandeln, muss man entweder ein Zauberer sein oder sehr viel Geduld besitzen. Es kann Jahre dauern, bis sich die ursprüngliche Artenvielfalt wieder einstellt. Zuerst einmal darf man den Rasen auf keinen Fall mehr düngen. Auch das Mähgut muss abgefahren werden, damit nicht bei der Zersetzung zusätzlich Nährstoffe in den Boden gelangen. Ob es sich bei dem Boden um

Geschützte Pflanzen
Bitte sammeln Sie von geschützten Pflanzen keine Samen! Diese sind ohnehin selten und oft so sehr an ihren Standort angepasst, dass sie im Garten gar nicht gedeihen.

Welche Wildpflanzen sich auf der Fläche entwickeln, hängt von den Ansprüchen der einzelnen Arten ab. Zusätzlich können auch einige Wildpflanzen in die entstehende Blumenwiese gepflanzt werden. Hier greift man natürlich auf Topf- oder Containerpflanzen aus Wildstaudengärtnereien zurück und entnimmt die Pflanzen nicht einfach der Natur! Von nun an wird die Wiese nur noch zweimal im Jahr, Ende Juni und Mitte Oktober, am besten mit einer Sense gemäht. Das Schnittgut kann kompostiert oder als Mulchmaterial auf den Gemüsebeeten verwendet werden. Auch Jugendfarmen und Aktivspielplätze sind meist dankbare Abnehmer.

Wie die Wiese schließlich aussehen wird, ist nie vorauszusagen. Stellt sich das erträumte Ergebnis auch nach Jahren des Bemühens nicht ein, so sollte man das respektieren. Dann ist der Boden entweder natürlicherweise oder durch die jahrelange anderweitige Nutzung zu nährstoffreich.

Das Beobachten der Flora und Fauna lohnt aber auf jeden Fall. Viele Pflanzen verschwinden, andere siedeln sich neu an. In einem Naturtagebuch lassen sich diese Veränderungen festhalten.

einen eher „fetten" oder eher „mageren" Standort handelt, erkennt man an den sich entwickelnden „Zeigerpflanzen". So weisen Gemeine Quecke, Wilde Malve und Brennnesseln auf eher stickstoffreiche Böden hin. Wiesen-Lein, Vergissmeinnicht und Echter Gamander sind dagegen Zeigerpflanzen für magere Böden. Auch wenn man dann Jahre wartet – es werden sich bei dieser Methode des Verwandelns immer nur die Pflanzen einstellen, die aufgrund der Standortbedingungen dort auch wachsen können.

Mit einem einfachen Zaubertrick lässt sich der Verwandlung in eine naturnahe Blumenwiese aber etwas nachhelfen. So können auf dem Wiesenstück kleine, quadratmetergroße „Blumeninseln" ausgesät werden. Dafür entfernt man zuerst die Rasensode, lockert den Grund und ebnet das Saatbett ein. Aussäen kann man entweder eine Wiesenblumen-Mischung aus dem Fachhandel oder Samen, die im Herbst zuvor in der Umgebung gesammelt wurden. Um Vogelfraß zu vermeiden, wird eine dünne Schicht Erde auf dem Saatgut verteilt, diese leicht angedrückt und bewässert.

■ Für Entdecker

Gordischer Wiesen-Knoten

Welches Alter? Kinder und Jugendliche
Wie viele? Bis 30
Wie lange? 10 Minuten
Womit? Kein Material nötig
(evtl. Bestimmungsliteratur)

Jeder Mitspieler überlegt für sich, welche Pflanze oder welches Tier er gerne auf der Wiese sein möchte. Daraufhin

stellen sich alle so eng wie möglich zusammen, strecken zuerst die rechte Hand nach oben hin zur Mitte, schließen die Augen und versuchen eine andere, beliebige Hand zu ergreifen. Danach wird die linke Hand hochgestreckt. Auch diese Hand versucht, eine andere Hand zu erfassen und festzuhalten. Nun öffnen alle wieder die Augen, machen sich kurz miteinander bekannt und erkunden ihre Nachbarn.

So fragt beispielsweise die Brennnessel: *„Wer lebt mit mir auf der Wiese?"* und zieht sowohl an der rechten als auch an der linken Hand. Die Antwort kann lauten: *„Ich der Maulwurf und ich das Braunkehlchen!"*. Nun fragen diese beiden weiter. Mit diesem Spiel kann verdeutlicht werden, auf welche Artenvielfalt man in der naturnahen Wiese trifft.

Um deutlich zu machen, dass Pflanzen und Tiere gegenseitig voneinander abhängig und miteinander vernetzt sind, versuchen wir nun den Knoten aufzulösen, indem wir über Arme steigen oder unter ihnen hindurchkriechen, ohne uns loszulassen. Auf diesem Wege machen wir uns mit den Wiesenbewohnern bekannt. Am Ende sollen alle in einem Kreis stehen und sich an den Händen fassen.

Wiesenriese

Welches Alter? Vorschulkinder und Kinder
Wie viele? Bis 30
Wie lange? 10 bis 30 Minuten
Womit? Kein Material nötig

Wir, die Wiesenbewohner, erzählen uns eine Geschichte: Was wäre, wenn … zum Beispiel die Menschen auf unsere Wiese kommen?

Barfuß oder auf Strümpfen durch die Wiese zu laufen ist ein besonderes Erlebnis. Anschließend genau nach Zecken absuchen!

„Am Abend, als der Mond schon am Himmel stand und viele kleine Sterne leuchteten, kroch Paule, der kleine Maulwurf, aus seinem Maulwurfshügel. Blind wie er war, watschelte er darauf los und stieß mit Herbert, seinem Nachbarn, zusammen. „Tschuldigung" ‚murmelte Paule, „aber ich bin noch ganz benommen von dem Lärm und dem Fußgetrampel". „Macht nichts", brummelte Herbert, „mir gehts nicht anders. Ich bin gerade am zählen, wie viele Hügel mir diese Riesen eingetreten haben." „Ach ihr mit eueren dämlichen Hügeln" jammerte Rossetta, die kleine Distel. „Ihr braucht ja nur mal kurz mit euerer Nase nach oben zu stupsen, und dann habt ihr wieder alles repariert! Schaut euch lieber

einmal meine Blätter an, die sind total zertreten und alles tut mir weh …"

Wie können sich die Wiesenbewohner nur gegen die „Wiesenriesen" wehren? Die Geschichte wird nun von den Mitspielern weitererzählt. Mit kleineren Kindern können wir eine solche Geschichte auch spielen.

Strumpfwiese

Welches Alter? Vorschulkinder, Kinder und Jugendliche
Wie viele? Bis 30
Wie lange? Beliebig
Womit? Ein paar Baumwollstrümpfe für alle Teilnehmer; evtl. Lupen

Ohne Schuhe und nur mit Strümpfen über eine Wiese laufen – wer hat das schon einmal gemacht? Gerade in den Monaten Juni/Juli oder September/Oktober ist dies ein besonderes Erlebnis: Denn schauen wir uns nach ein paar Runden unsere Sohlen an, so können wir allerlei „Gäste" entdecken, die sich von uns tragen lassen. Es lohnt sich, diese Samen einmal genauer mit der Lupe anzuschauen!

Anschließend schüttelt man die Samen vorsichtig über einer Schale mit Erde aus und drückt sie leicht fest, damit sie Bodenschluss bekommen. Nun muss nur noch angegossen und die Erde feucht gehalten werden. Schon nach kurzer Zeit wächst eine eigene „Strumpfwiese"!

Ein toller Blumentyp!

Welches Alter? Kinder, Jugendliche
Wie viele? Bis 30
Wie lange? 5 bis 15 Minuten
Womit? Je zwei bis fünf Bilder
von verschiedenen Blumentypen,
zum Beispiel Scheibenblumen, Glocken-
blumen, Röhrenblumen, Schmetterlings-
blumen oder Lippenblumen

Dieses Spiel lässt sich auch gut zu Beginn einer Natur-Erlebnis-Tour als Gruppenbildungsspiel einsetzen. Jeder Mitspieler zieht eine Blütenkarte mit einer Abbildung und dem Namen eines Blumentyps, zum Beispiel Scheibenblume, Glockenblume etc. Haben alle eine Karte erhalten, wird zusammen ein Kreis gebildet. Nun werden die Teilnehmer aufgefordert, ihre Blütenform pantomimisch darzustellen. Die gleichen Blütenformen bilden nun je eine Gruppe

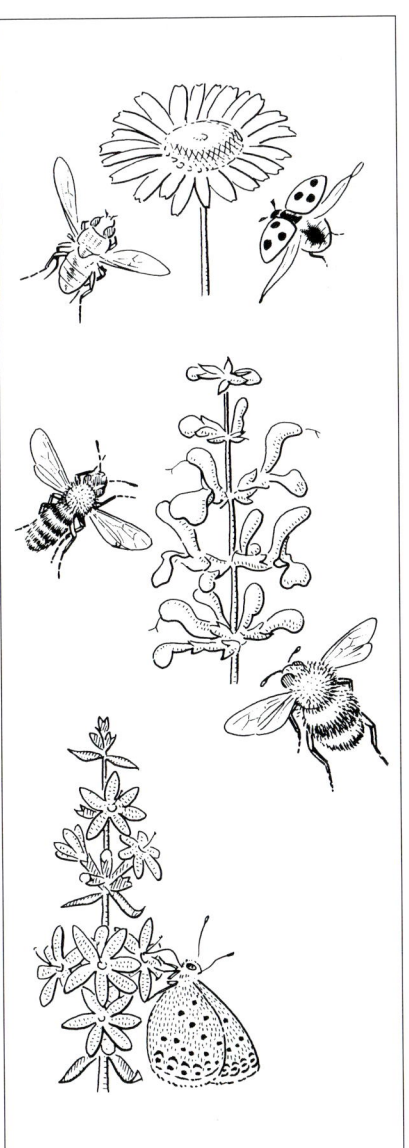

Jede Insektenart hat ihre Vorlieben bei der Blütenform (siehe Text).

25

und suchen gemeinsam in der näheren Umgebung nach Pflanzen des entsprechenden Blumentyps. Wie viele verschiedene Pflanzen eines bestimmten Blumentyps findet man?

Wiesenparfum

Welches Alter? Vorschulkinder, Kinder, Jugendliche
Wie viele? Beliebig
Wie lange? 20 Minuten
Womit? Pro Gruppe 20 leere Filmdöschen (diese erhält man kostenlos im Fotogeschäft), 20 weiße und 20 braune Bohnen oder anderer Samen, Watte, zwei verschiedene ätherische Öle, zum Beispiel Salbei und Jasmin, je ein Bild von einer Blüte (nach Möglichkeit zum Duft passend), welches in so viele Puzzleteile zerschnitten wird, wie Duftdöschen des jeweiligen Duftes vorhanden sind

Nicht nur wir freuen uns nach den langen Wintermonaten an der Frühjahrs-Blumenpracht. Auch die Insekten sind nun auf der Suche nach lebenswichtigem Nektar. Und weil diese bei ihrem Blütenbesuch auch gleich zur Bestäubung der Blüten und damit zur Pflanzenvermehrung beitragen, haben sich die Blütenpflanzen so ein paar Tricks einfallen lassen – sie locken die Insekten mit den verschiedensten Düften an! Bienen bevorzugen dabei Blumen mit leichten Düften, die auch für unsere Nase fruchtig, blumig oder würzig duften. Die Fliegen steuern besonders gerne stark würzig duftende Doldenblüten an, orientieren sich aber auch am Aasgeruch. Schmetterlinge tummeln sich auf Blüten mit eher schweren und intensiver blumigen Düften. Und

Welche Insekten fliegen auf welchen Blumentyp?

Käfer sind relativ unbeholfene Blumentiere, die mit ihren Mundwerkzeugen leicht die Blütenorgane verletzen. Aus diesem Grund sind Käferblumen leicht zugängliche, robuste Scheibenblumen (zum Beispiel Rosen oder Anemonen). Außerdem weisen die Blumen reichlich Pollennahrung auf und duften stark.

Fliegen suchen Scheibenblumen, die Nektar anbieten, oder Täusch- oder Fallenblumen, die mit Aasgeruch den Lebensraum der Besucher nachahmen (zum Beispiel Aronstabgewächse).

Bienen und **Hummeln** besuchen Fahnen-, Rachen- und Lippenblumen, die häufig von gelber, violetter oder blauer Farbe sind und einen leichten Duft ausströmen (zum Beispiel Salbei, Wicken, Veilchen, Orchideen).

Schmetterlingsblumen fallen durch eine aufrechte Stellung und einen engen Röhrenbau auf, in dem der Nektar tief verborgen ist. Meist sind die Blumen rot gefärbt (zum Beispiel Nelken). Bei den Nachtfalterblumen hängen die Röhren nach unten. Sie entfalten sich auch erst am Abend (zum Beispiel Leimkraut, Rote Lichtnelke).

da auf einer naturnahen Wiese viele Blumen stehen, ist es manchmal gar nicht so einfach, den „Lieblingsduft" wiederzufinden.

Die Gruppe teilt sich zu gleichen Teilen in „Bienen" und „Schmetterlinge" auf. Jede Gruppe erhält nun eine vorbereitete Duftdose mit dem entsprechenden Bienen- oder Schmetterlingsduft. Für Bienen wird ein fruchtiger oder würziger Duft (zum Beispiel Salbei) und für Schmetterlinge ein blumiger Duft (zum Beispiel Jasmin) verwendet. Anschließend erhält jeder Mitspieler drei bis fünf „Pollen" (zum Beispiel Bohnensamen). Die Aufgabe der Schmetterlinge und Bienen ist nun, die zuvor im Gelände verteilten „Blumen" (Duftdöschen) mit dem gleichen Duft ihrer Art zu finden. Wenn der Duft übereinstimmt, wird ein „Pollen" abgegeben und etwas „Nektar" (ein Puzzleteil) mitgenommen. Wer keine Pollen mehr hat, fliegt zurück zum Ausgangspunkt. Hier werden nun die eingesammelten Puzzleteile zusammengesetzt. Schön ist es, wenn das so entstehende Bild die jeweilige „Duftpflanze" darstellt.

Vorbereitung: Pro Gruppe wird das Foto oder die Abbildung einer Blüte in kleine Puzzleteile geschnitten. In jedes Filmdöschen kommt ein mit dem jeweiligen Duft (Salbei, Jasmin o. Ä.) versehener Wattebausch. Dabei ist darauf zu achten, dass die Duftnoten nicht vermischt werden. Vor Spielbeginn werden die „Duftdöschen" auf einer frisch geschnittenen Wiese oder einem sonstigen markierten Spielfeld beliebig verteilt. Zu jedem Döschen legt man ein Puzzleteil, das zu dem Foto oder der Abbildung der entsprechenden Duftpflanze gehört.

Variante
Bei großen Gruppen können die Blumen auch von einzelnen Teilnehmern gespielt werden.
Ein Rollenspiel für Vorschulkinder lässt sich anschließen: Hierzu ahmen ein bis fünf Mitspieler verschiedene Blüten und ein Teilnehmer ein Insekt nach. Alle Blumen erhalten einen Trinkbecher mit Nektar (Apfelsaft), das Insekt erhält einen Trinkhalm. Das Insekt fliegt nun eine Blume nach der anderen an, um Nektar zu sammeln. Da es noch ein sehr junges Insekt ist, kann es die einzelnen Blüten noch nicht voneinander unterscheiden. So muss es jede Blume anfliegen und anfragen, ob es denn bei ihr Nektar sammeln darf. Je nach Blumentyp gewährt die Blume einen Schluck oder nicht. Wenn ja, darf das Insekt seinen Trinkhalm eintauchen. Es bedankt sich beim Abschied und schenkt der Blume einen kleinen Pollen in Form einer Rosine.

Blütenbesuche

Welches Alter? Vorschulkinder, Kinder
Wie viele? Bis 30
Wie lange? Beliebig
Womit? Kein Material nötig
(evtl. Bestimmungsliteratur)

Bienen werden von leichten Blumendüften angelockt, die auch für unsere Nase fruchtig, blumig oder würzig duften. Die Fliegen steuern besonders gerne würzig duftende Doldenblüten an, orientieren sich aber auch am Aasgeruch. Schmetterlinge tummeln sich auf Blüten mit eher intensiveren, blumigen Düften.

Blumenwiese

Dieser Sachverhalt kann in Form eines Beobachtungs-Wettspieles von den Kindern selbst herausgefunden werden. Ort des Spieles sind blumenreiche Wiesen, Straßen-, Weg- oder Waldränder.

Zwei Varianten:
1. „Wetten, dass die Blume, auf der die Fliege jetzt sitzt, würzig duftet?" Zur Überprüfung kann an den Pflanzen gerochen werden. Bei dieser Spielform ist den Kindern der von den Insekten bevorzugte Blumenduft bekannt.
2. „Wetten, dass die Biene auf dieser oder jener Pflanze Nektar sammeln wird?" Als Voraussetzung müssen die Kinder an verschiedenen Blumen gerochen haben und die Lockdüfte, von denen Biene, Fliege und Schmetterling angezogen werden, kennen.

■ Für Spürnasen

Wer landet wo?

Welches Alter? Vorschulkinder und Kinder
Wie viele? Bis 30
Wie lange? 1 Stunde
Womit? Zwei helle Leinen-
oder Baumwolltücher, Klapplupen,
Becherlupen, Bestimmungsliteratur

Auf eine naturnahe Blumenwiese und einen kurzgeschorenen Rasen legen wir je ein weißes Baumwolltuch. Nach einer Weile beobachten wir, wie viele Tiere gehüpft, geflogen oder gekrochen kommen. Mit Lupe und Bestimmungsbüchern können die Gäste genauer betrach-

tet und bestimmt werden. So lässt sich die Artenvielfalt an Insekten auf den beiden Flächen miteinander vergleichen.

Blühkalender

Welches Alter? Kinder, Jugendliche
Wie viele? Bis 30
Wie lange? Beliebig
Womit? Großer Papierbogen oder Karton,
gepresste Pflanzen, Klebestift

Zu Beginn des Frühjahrs bietet es sich an, einen großformatigen Blühkalender zu gestalten: Jede neu entdeckte Blume wird aufgemalt und ihr Standort dazu vermerkt. Rechts davon tragen wir in einer Monatsübersicht die Tage ein, an denen die Pflanze blüht. Jede weitere Pflanze findet unter der letzten Entdeckung Platz. Dadurch entsteht ein sehr übersichtliches Diagramm, das einen Überblick über die unterschiedlichen Blütenpflanzen auf der Wiese und deren Blühtermin und -zeitraum ermöglicht.

Wiesenapotheke

Wiesenwundpflaster aus Gänseblümchen
Wie sehen die Blätter von Gänseblümchen aus? Es lohnt sich, diese einmal genauer anzuschauen. Denn die unscheinbaren Blättchen haben eine wundersame Heilkraft.
Gänseblümchenblätter helfen bei:
– kleinen Verletzungen,
– Insektenstichen,
– Kontakt mit Brennesseln.
Sie wirken:
– abschwellend,
– schmerzlindernd.

Wundauflage aus Wegerich
Breit- und Spitz-Wegerichblätter helfen bei:
- größeren Schürfwunden,
- Insektenstichen,
- müden und wundgelaufenen Füßen,
- Kontakt mit Brennnesseln.
Sie wirken:
- desinfizierend,
- schädliche Keime abtötend,
- entzündungshemmend,
- die Wundheilung beschleunigend.

Wichtig: Die Blätter von Gänseblümchen und Wegerich sollten frisch und gereinigt verwendet werden. Die Blätter zerdrückt man etwas, bis der heilende Pflanzensaft austritt. Danach legt man sie auf die Wunde. Zum Verbinden können Sie längere Spitz-Wegerichblätter oder ein reißfestes Taschentuch verwenden.

Spitzwegerich ist ein hilfreiches Pflaster vom Wegesrand.

Tipp für müde Füße
Wenn die Füße während einer Wanderung heiß und müde sind, legen Sie einfach ein bis zwei große Breit-Wegerichblätter auf die nackten Fußsohlen (mit den Rippen nach unten) und ziehen die Schuhe wieder an. Sie werden staunen, wie erfrischt Sie weiterlaufen können.

Hautpflege mit Bärlauch
Im Stängel des Bärlauchs verbirgt sich ein bärenstarker entzündungshemmender Pflanzenschleim, der einfach auf die betroffenen Hautstellen aufgetragen wird.
Bärlauch-Pflanzenstängelschleim hilft bei:
- Schürfwunden,
- kleineren Hautwunden,
- entzündeter, trockener Haut,
- bei Ekzemen.

Schöllkraut, der Warzenfeind
Die Stängel des Schöllkrauts werden wie eine Pipette verwendet, aus der der Saft auf die betroffene Stelle getupft wird.
Achtung: Da der Saft ätzend wirkt, sollte er nicht auf die umgebenden Hautpartien, die Schleimhäute oder in die Augen gebracht werden.

Frühlingscocktail

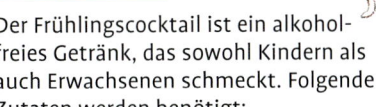

Der Frühlingscocktail ist ein alkoholfreies Getränk, das sowohl Kindern als auch Erwachsenen schmeckt. Folgende Zutaten werden benötigt:

Je eine Hand voll Blüten und Blätter von:
Wiesen-Schaumkraut
Gänseblümchen

29

Blumenwiese

Sauerampfer
Löwenzahn
etwas Schafgarbe
1 Apfel
1 Orange
½ Zitrone
2 Esslöffel Honig
¼ bis ½ Liter Sauer- oder Buttermilch

Den Apfel entkernen, die Orange und
Zitrone auspressen und mit den Früh-
lingskräutern zusammen in einem Mixer
pürieren. Zuvor werden ein paar Blüten
zur Dekoration beiseite gelegt. Zum
Schluss wird die Butter- oder Sauermilch
zugegeben. Den Cocktail füllen Sie am
besten in hübsche Trinkgläser und dekorieren das Ganze mit den Blüten.

*Klassischer Schmuck ist der Gänseblümchen-
kranz.*

■ Für Bastler

Wiesenblumen-Kostüme

*Welches Alter? Vorschulkinder, Kinder,
Jugendliche
Wie viele? Bis 30
Wie lange? Beliebig
Womit? Wildblumen, Gräser,
bunte Bänder und Tücher*

Wildblumen und Gräser eignen sich nicht
nur zum Flechten hübscher Blumen-
kränze, sondern auch zur Herstellung von
Blütenschminke, ausgefallenem Kopfschmuck und witzigen Kostümen. Gerade
bei Theateraufführungen mit kleineren
Kindern, in denen Feen, Faunen und
Zwerge eine große Rolle spielen, können
die Kostüme mit Pflanzen kombiniert und
verschönt werden. Aus Rispengräsern,
Maisblättern oder Zweigen lassen sich
Röcke herstellen; Farnkraut eignet sich

gut für Umhänge. Aus Blumen, Früchten
oder Ähren kann ein bunter Kopfschmuck
gezaubert werden. Dabei steckt man die
Blätter, Ähren oder Blumen unter Schnüre
oder bunte Stoffbänder, die um Kopf,
Taille, Arme oder Beine gebunden werden.
Nach dem Kostümieren werden die Pflanzen nicht weggeworfen, sondern noch
nicht verwelkte Blumen und Fruchtzweige
zu bunten Sträußen gebunden und ins
Wasser gestellt.

Modenschau
*Auch „größere Kinder" haben an einem
Naturkostüm Freude. Organisieren Sie
eine Modenschau mit jahreszeitlich
geprägten Naturkostümen!*

Pflanzenpresse selbst gebaut

Welches Alter? Kinder und Jugendliche
Wie viele? Beliebig
Wie lange? Beliebig
Womit? Siehe Kasten

Mit Hilfe von Pflanzenpressen lassen sich Pflanzen oder Pflanzenteile pressen und trocknen. Verwendet man ganze Pflanzen, so sollte man darauf achten, dass alle Pflanzenteile (Blüten, Blätter, Stängel etc.) vorhanden sind. Die Pflanzen werden aber über der Wurzel abgeschnitten – sie wird nicht mitgepresst.

Baumaterial
- 2 gleich große Holzbretter, jeweils etwa 20 cm breit, 30 cm lang und 15 mm stark;
- 4 Flügelschrauben von 6 mm Durchmesser und 12 cm Länge;
- 8 Stück Wellpappe, die die Größe der Holzbretter haben, wobei jeweils die vier Ecken abgeschnitten werden;
- 16 Löschblätter, die zwischen die Wellpappe gelegt werden;
- 1 Handbohrer mit einem 6 mm starken Holzbohrer;
- 4 Unterlegscheiben.

In jede Ecke der beiden Holzbretter wird ein Loch gebohrt (etwa 5 cm vom Rand). Auf das untere Brett legt man nun abwechselnd eine Wellpappe, ein Löschpapier, eine Pflanze, ein Löschpapier, eine Pflanze, ein Löschpapier und dann wieder eine Wellpappe usw. Auf die oberste Wellpappe legt man das zweite Holzbrett. Die Flügelschrauben werden von unten durch die Löcher gesteckt und mit den Flügelmuttern festgedreht.

Damit die Holzbretter nicht eingedrückt und beschädigt werden, ist es sinnvoll, zuvor Unterlegscheiben unter die Flügelmuttern anzubringen.

Nach einigen Tagen sollte kontrolliert werden, ob das Löschpapier erneuert werden muss. Es darf auf keinen Fall feucht sein, damit die Pflanzen nicht schimmeln. Nach etwa drei Wochen können die getrockneten und gepressten Pflanzen aus der Pflanzenpresse genommen und auf Papier geklebt werden. Mit den getrockneten Pflanzen können hübsche Blumenbilder, Spritz- und Rubbelbilder sowie individuelles Briefpapier hergestellt werden. Werden Schachteln mit gepressten Blumen verziert, entstehen hübsche und einfallsreiche Geschenkverpackungen.
Achtung: Bitte keine geschützten Pflanzen sammeln!

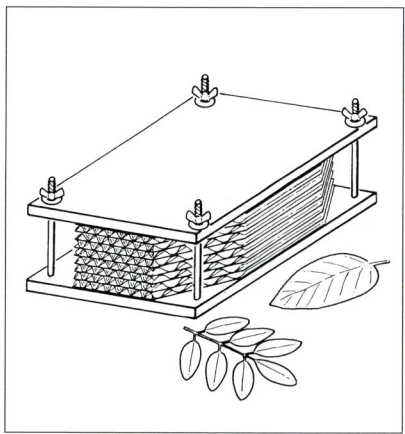

So sieht die fertige Pflanzenpresse aus.

33

Ein eigenes Pflanzenlexikon:
das Herbarium

Welches Alter? Kinder und Jugendliche
Wie viele? Beliebig
Wie lange? Beliebig
Womit? Lose Blätter,
Ordner, Stifte, Klebstifte

Ein Herbarium ist eine Sammlung von
Pflanzen oder Pflanzenteilen, die zuvor
gepresst und getrocknet wurden. Die
Pflanzen klebt man dabei auf ein Blatt
Papier und schreibt Fundort, Datum und
den Namen der Pflanze dazu. Die fertigen Blätter kann man in einem Ordner
abheften. Die Pflanzen ordnet man nach
Blütenfarbe, Blattform, Anzahl der Blü-
tenblätter oder nach anderen Bestim-
mungsmerkmalen. Interessant ist auch
eine Einteilung nach Jahreszeiten. Eine
schöne Ergänzung zum Herbarium ist
eine **Samenmappe**, in der Samen verschiedener Pflanzen aufbewahrt werden
können.

Leben wie der Wiesenpieper

Welches Alter? Vorschulkinder, Kinder
Wie viele? Bis 30
Wie lange? 1 Tag
Womit? Schnittgut von Kopfweiden; für
ein Nest mit etwa 2 m Durchmesser und
einer Höhe von 1,50 m benötigt man: eine
Gartenschere, eine Astschere, stabile
Schnur; etwa 10 Weidenstangen mit
jeweils etwa 3 m Länge; etwa 60 Weiden-
ruten mit jeweils 1,80 m Länge; viele
kleine, dünne Weidenruten mit etwa 40
bis 50 cm Länge

Einer der Charaktervögel für naturnahe
feuchte Frischwiesen ist der graungrün

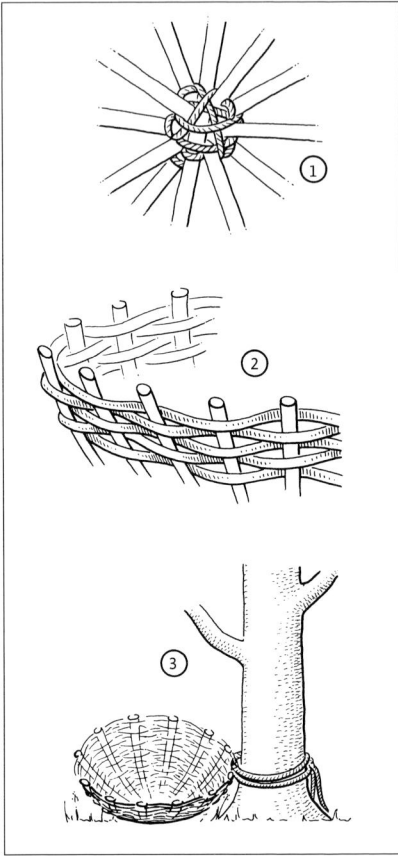

1 Die Weidenruten werden in der Mitte des ent-
stehenden Nestes sternförmig gekreuzt und mit
einer stabilen Schnur befestigt.
2 Je dichter geflochen wird, um so stabiler wird
das Nest!
3 Das Nest muß fest und kippsicher an einen
größeren Baum gebunden werden. Empfehlens-
wert ist auch, es bis zur Hälfte in den Boden
einzugraben. Alle Weidenruten oder -stangen,
die heruasstehen und u Verletzungen bei den
Kindern führen könnten, müssen stumpf abge-
schnitten werden. Grundsätzlich sollten Kinder
in dem großen Weidennest nur unter Aufsicht
von Erwachsenen spielen.

gefärbte Wiesenpieper. Er baut sein Nest auf dem Boden. Gemeinsam mit den Kindern kann man ein tolles „Vogelnest" aus Weiden und anderem Naturmaterial nachbauen. Darin können die Kinder selbst erfahren, wie sich junge Vögel – versteckt in ihrem Nest – in der Wiese fühlen. Achtung: Ein „Vogelnest" dieser Größe kann auch kippen! Deshalb darf es nicht unbeaufsichtigt im Garten stehen. Es sollte auch auf jeden Fall fest mit Seilen an einen standfesten Baum gebunden oder bis zur Hälfte in den Boden eingegraben werden.

Für das Grundgerüst werden 8 bis 10 Weidenstangen von etwa 3 m Länge und 2 bis 5 cm Durchmesser benötigt. Diese werden sternförmig, in der Mitte gekreuzt, übereinander gelegt und mit einer stabilen Schnur fixiert. Mit jeweils zwei dünneren Weidenruten wird nun mit dem Flechtwerk begonnen. Dabei wird immer abwechselnd eine Weidenrute über und eine unter den Querstangen hindurchgeführt. In den Zwischenräumen werden diese dann nochmals zur Stabilisierung miteinander verdreht. Je dichter geflochten wird, desto stabiler ist das Nest. Man kann aber auch in den Zwischenräumen nachträglich weitere Weidenruten einflechten. Bei einem Durchmesser von etwa einem Meter müssen die Querstangen von anderen Kindern hochgebogen und während des weiteren Flechtvorgangs auch in dieser Stellung gehalten werden.

Bei einer Höhe von etwa 80 bis 100 cm kann mit den Querstangen ein Abschluss geflochten werden. Sind diese zu hart oder unbiegsam, so wird zuerst mit dünnen Zweigen und der Schnur ein Wulst gebunden oder ein Zopf geflochten und

Vor dem Schneiden der Weidenruten bieten die Weiden jede Menge Spaß!

dieser am Nestrand festgebunden. Die Querstangen werden auf dieser Höhe stumpf abgeschnitten, damit sich die Kinder nicht daran verletzen.

Um das Nest weich auszupolstern, benötigt man Wiesengras, das in Büscheln ziegelförmig – von oben nach unten – in das Gerüst gebunden wird. Zum Polstern können aber auch Blätter oder Wollreste verwendet werden.

Gemüsegarten – Genuss und Gesundheit

Wo Popcorn und Pommes zuhause sind

Der Kompost sitzt gemütlich vor sich hindampfend unter dem Apfelbaum, er ist von Kürbisranken überwuchert. In der Nähe wiegen sich die Maispflanzen, die den Gemüsegarten umgeben, sanft im Wind. Der Kürbis ist froh über diese Nachbarschaft, denn diese „einjährige Hecke" schützt ihn vor zu viel Frischluft, was er nun gar nicht liebt.

In den Nachbarbeeten blinken die prallen, roten Tomatenfrüchte mit den Ringelblumen um die Wette. Lange Zeit wurden Tomaten übrigens wegen ihrer farbenprächtigen Früchte ausschließlich als Zierpflanzen angebaut. Auch misstraute man ihnen als Gemüse, weil man glaubte, dass sie als Nachtschattengewächse hohe Giftigkeit besäßen. Erst als dieser Irrtum aus den Köpfen vertrieben war, eroberten die schmackhaften Früchte die Küche. Heute fehlen sie auf keinem Speiseplan.

Quer durch den Garten zieht der würzige Duft der Kümmelpflanzen. Direkt neben ihnen gedeihen Kartoffeln, die bald geerntet werden können. Dann wird sich zeigen, ob sich die Nachbarschaft zu Kümmel günstig auf ihr Aroma ausgewirkt hat.

Aber auch Erbsen, Möhren, Gurken und Kohlrabi wachsen in diesem Garten – Gemüsearten, die in keinem kinderfreundlichen Garten fehlen sollten!

Kindern sollte man auf jeden Fall im Nutzgarten ein eigenes Beet zum Gärtnern überlassen. Dort können sie nach Herzenslust in der Erde wühlen, graben, hacken, rechen, aussäen, Blumen pflanzen, dem Gemüse beim Gedeihen zusehen und nebenbei Regenwürmer, Marienkäfer und Blattläuse erforschen. Gemüsegärten erfreuen sich im Sommer und Herbst meist großer Beliebtheit, weil es darin auch etwas zu naschen gibt. Salatblätter oder Selleriepflanzen sind jedoch eher uninteressant. Frische Möhren, junge Erbsen, milder Paprika, schmackhafte Tomaten oder zarte Kohlrabi locken die Kinder viel eher in den Garten. Für ein „Aha-Erlebnis" sorgen Kartoffeln oder Puffmais: Zu Pommes und Popcorn verarbeitet, sind diese beiden Gemüsearten bei Kindern und Jugendlichen wohlbekannt – doch wer hätte vermutet, dass sie in einem Gemüsegarten ihren Ursprung haben?

Natürlich zählen Erdbeeren, Himbeeren, Stachelbeeren oder Johannisbeeren zum Obst und nicht zum Gemüse! Trotzdem gehören auch sie in einen „richtigen" Nutzgarten. Sie versüßen nicht nur die Gartenarbeit, sondern lockern insgesamt das Erscheinungsbild des Gartens auf, weil die Sträucher oder kleinen Bäumchen ihm mehr Strukturen verleihen.

Wie jede Liebe, geht auch die Liebe zur Natur durch den Magen! Deshalb folgen hier Kurzbeschreibungen einiger Nutzpflanzen, die nicht nur sehr schmack-

haft, sondern auch pflegeleicht sind und sich besonders für Schul- und Kindergärten eignen. Wer keinen Garten hat, kann Tomaten, Kartoffeln oder Beeren auch in einem großen Blumentopf oder Eimer kultivieren.

■ Tomaten

Sie eignen sich wunderbar, um beispielsweise die nackten hellen Mauern einer Schule zu verschönern – sofern diese im Süden liegen und den Tomaten einen vollsonnigen Standort bieten.

Will man möglichst viele verschiedene Züchtungen (Fleisch-, Busch-Cocktailtomaten) ausprobieren, so ist es

Die kann jedes Kind heranziehen und selber ernten: Tomaten aus dem eigenen Garten.

am besten, Tomaten selbst auszusäen – ab Mitte März an einem warmen, geschützten Ort. Die Sämlinge werden aus der Aussaatschale vereinzelt und im Frühbeet oder unter einer Folie abgehärtet, damit sie klein und gedrungen bleiben. Im Mai – nach den Eisheiligen – werden die Tomatensetzlinge tief – bis zum ersten Blattansatz – in die Erde gepflanzt. Tomaten sind sonnenhungrig, immer durstig und auch, was Nährstoffe betrifft, sehr „gefräßig". Ein vollsonniger Platz, ausreichend Nährstoffe in Form von Kompost, Pflanzenjauche oder angerottetem Pferdemist und eine regelmäßige Bewässerung sind die Voraussetzungen für eine ertragreiche Ernte!

Neben jeder Tomatenpflanze muss noch ein Holzpfahl in die Erde getrieben werden, an dem die Pflanze hochgebunden werden kann. Während des gesamten Sommers kappt man die Seitentriebe, die sich in den Blattachseln entwickeln. Ende September wird der Haupttrieb gekappt, damit die ganze Kraft in den Fruchtansatz geleitet wird. Von Juli bis Oktober können die saftigen, frischen Tomaten geerntet werden. Und auch der Hausmeister freut sich in den Sommerferien, wenn er für das Bewässern des Schulgartens mit frischen Tomaten belohnt wird.

■ Kartoffeln

Die ersten eigenen Pommes frites aus dem Gemüsegarten!

Kartoffeln eignen sich aus zweierlei Hinsicht besonders für den Schulgarten und den heimischen Gemüsegarten. Zum einen brauchen sie während der Sommerferien keine Pflege, zum anderen können sie in der Schulküche gemeinsam zu den begehrten „Pommes" verarbeitet werden.

Zuerst werden die Saatknollen wenige Tage in flachen Kisten und in einem hellen, mäßig warmen Raum vorgekeimt. Das Knollenende mit den meisten Augen weist dabei nach oben. Frühester Auspflanztermin ist April, in kalten Lagen sollte man vielleicht bis Anfang oder Mitte Mai warten. Die Schüler können mit Hacken zuvor Furchen ziehen, in die sie vorsichtig die Knollen – im Abstand von etwa 35 bis 50 cm und in eine Tiefe von höchstens 5 cm – legen. Die Keime dürfen nicht beschädigt werden. Bevor die Furchen vorsichtig mit Erde aufgefüllt werden, kann man auch noch Kompost oder verrotteten Mist darin verteilen. Kartoffeln lieben es locker und humusreich! Zwischen die Kartoffeln passen Kümmelpflanzen. Dem Kümmel sagt man nach, dass er den Kartoffelknollen ein feines Aroma verleihe. Für den Schulgarten eignen sich vor allem späte Kartoffelsorten, die im September geerntet werden können. Vielleicht fällt ja auch der Schulanfang leichter, wenn er mit einem Kartoffelfeuer beginnt ...

■ Zucker- und Puffmais

Eine „einjährige Hecke" aus Zuckermais oder Puffmais ist für ein Schulgelände oder im Hausgarten sicherlich etwas Besonderes – vor allem, wenn aus den Körnern des Puffmais Popcorn und aus dem Zuckermais gegrillte oder gedünstete Leckereien entstehen!

Zuckermais sollte aber mindestens in einem Abstand von 200 m zu Puff- und anderen Mais-Arten stehen – ansonsten wird auch im Zuckermais infolge der Fremdbestäubung Stärke gebildet. Die Körner schmecken dann nicht süß.

Zucker- oder Puffmais werden in der ersten Maihälfte in etwa 5 cm tiefe Furchen ausgelegt – je 3 bis 4 Körner, in einem Abstand von 10 cm. Sind die Sämlinge kräftig gewachsen, wird vereinzelt. Nur die kräftigsten bleiben in einem Abstand von etwa 30 bis 40 cm stehen. Mais braucht, ähnlich wie die Tomaten, viel Wasser und ausreichend Nährstoffe, zum Beispiel als Pflanzenjauche.

Die Bestäubung der Blüten geschieht durch den Wind. Deshalb empfiehlt es sich, Mais in einer Doppelreihe anzupflanzen, damit möglichst viele Pflanzen in der Nachbarschaft stehen. Um während der Sommerferien die Pflanzen vor übermäßiger Verdunstung zu schützen, sollte die Erde um die Maispflanzen herum gemulcht werden. Auch Kürbispflanzen, die mit ihren großen Blättern den Boden bedecken und so die Verdunstung verringern, sind dafür geeignet. Und wie die Kartoffeln kann Mais im September, passend zum Schulanfang, geerntet werden.

Wie wär's einmal mit etwas Popcorn in der Schulküche? Die Körner des Puffmais gibt man in eine Kasserolle und erhitzt sie in etwas Öl. Damit die platzenden Körner nicht wild in der Küche herumschießen, muss man die Kasserolle unbedingt mit einem Deckel schließen! Das noch warme Popcorn wird entweder gezuckert oder gesalzen und dann gleich aufgegessen.

■ Kürbisse

Aus den oft riesigen Früchten der Kürbisse lassen sich im Herbst tolle Kürbisgeister schnitzen, aus dem Fruchtfleisch wird eine leckere Suppe. Im Schul- und Hausgarten bringen Kürbisse vielerlei

Nutzen! Da die Pflanze viel Platz braucht, könnte sie so einige unschöne Ecken im Schulgelände mit ihrem ausladenden Blattwerk überwuchern. Bei Zuckermais oder bei Stangenbohnen sorgen sie für eine notwendige Bodenbeschattung. Gleichzeitig entstehen mit dem Anbau von Kürbispflanzen aber auch weitere gestalterische Strukturen im Schulgelände. Die anfallenden Früchte werden in der Schulküche oder im Werkunterricht verarbeitet. Und so manche Klassenkasse lässt sich durch ein lustiges Kürbisfest aufbessern.

Mitte Mai werden 2 bis 3 Kürbissamen im Abstand von 1 m in ein Pflanzloch gesteckt. Kürbisse brauchen Platz – ein Kürbis kann 3 bis 4 m² Fläche überwachsen – viel Wasser und Nährstoffe. Deshalb pflanzt man sie meist am Fuße eines Komposthaufens an. Aber selbst dort sollten sie noch regelmäßig mit Brennnesseljauche gegossen werden.

Sobald die ersten prächtig gelben Blüten zu sehen sind, werden alle Seitentriebe gekappt, damit die ganze Kraft in den Fruchtansatz geleitet wird. Damit die großen Kürbisfrüchte nicht zu faulen beginnen, kommt unter jede Frucht ein Holzbrett. Geerntet wird, wenn sich die Frucht beim Anklopfen hohl anhört.

■ Für Entdecker

Zwieblein, Zwieblein an der Wand ...

Welches Alter? Vorschulkinder, Kinder
Wie viele? Bis 30
Wie lange? 10 bis 20 Minuten
Womit? Eventuell Musik

So wie die Zwiebel mehrere Häute hat, bilden wir mit den Kindern zwei Häute, das heißt zwei Kreise – einen Innen- und einen Außenkreis mit gleich vielen Mitspielern. Die beiden Kreise bewegen sich nun in entgegengesetzter Richtung. Auf ein zuvor abgesprochenes Zeichen stoppen die zwei Kreise, wobei darauf zu achten ist, dass sich immer zwei Kinder gegenüberstehen. Der Spielleiter gibt nun jedem Kind im Außenkreis den Hinweis, was dieses pantomimisch darstellen soll, zum Beispiel eine Karotte oder eine Erbse usw. Die Aufgabe der Kinder im Innenkreis ist es, als „Spiegelbild" die Bewegungen des gegenüberstehenden Mitspielers nachzumachen. Nach etwa einer Minute bewegen sich die zwei „Kreise" wieder in entgegengesetzte Richtungen, bis sie ein erneutes Zeichen für „Stop" erhalten. Nun erfolgt eine neue Aufgabe, beispielsweise das Nachahmen einer Schnecke, die gerade an einem Salatblatt schabt oder etwas anderes. Nach ein paar Runden werden die Rollen getauscht und der äußere Kreis stellt das Spiegelbild der Personen im Innenkreis dar.

Mit Musik geht's besser
Dieses Spiel lässt sich gut mit Musik unterlegen und kann dann gleichzeitig als Übung für das Rhythmusgefühl der Kinder dienen.

Wie schmeck' ich?

Welches Alter? Vorschulkinder, Kinder
Wie viele? Bis 30
Wie lange? 30 Minuten
Womit? Verschiedenes Gemüse, eventuell
Augenbinden

Viel zu selten achten wir in unserem Alltag ganz bewusst auf den Geschmack unseres Essens. Alle möglichen Zutaten werden miteinander vermischt, was dazu führt, dass arttypische Geschmacksnuancen oft nicht mehr wahrgenommen werden. Beim Spiel „Wie schmeck' ich?" können sich die Kinder bewusst machen, welche Gemüsearten sie am Geschmack erkennen und wie intensiv sie diesen wahrnehmen können. Wir schneiden verschiedene Gemüsearten klein und probieren diese mit geschlossenen Augen. Wer kann die unterschiedlichen Arten im Geschmack beschreiben und diese benennen?

Gefühltes Gemüse

Welches Alter? Vorschulkinder, Kinder
Wie viele? Bis 30
Wie lange? 10 Minuten
Womit? Verschiedenes Gemüse,
eventuell Augenbinden

Achten wir einmal bei der Ernte darauf, das Gemüse nicht nur in einen Korb zu legen, sondern Form und Beschaffenheit des Gemüses mit geschlossenen Augen zu ertasten. Dazu setzen wir uns in

Frisch selbst gepflückt schmeckt es einfach am besten!

einen Kreis, die Kinder schließen die Augen. Alle erhalten dann vom Spielleiter die gleiche Gemüseart zum Befühlen in die Hand gelegt.

Der Spielleiter lädt alle ein, die Gemüseart mit den Händen genauer kennen zu lernen. Fragen, wie zum Beispiel: „Welche Form hat die Gemüseart?", „Wie fühlen sich die Wurzeln an?", „Wie riecht das Gemüse?", „Was hat es für Blätter?" unterstützen die Wahrnehmungsübung. Sobald jedes Kind seine Frucht, Knolle oder Wurzel ausführlich betastet hat, wird dieses in die Kreismitte – eventuell in einen Korb – gelegt. Danach darf sich jeder im Kreis wieder ein Exemplar mit geschlossenen Augen herausnehmen und es betasten. Handelt es sich hier um das gleiche Exemplar wie zuvor? Wenn nicht, so wird das Gemüse im Uhrzeigersinn weitergegeben, bis wir das eigene Gemüse wieder erhalten. Wir öffnen die Augen und geben alle noch „kreisenden" Gemüsepflanzen weiter, bis jedes seinen Besitzer wiedergefunden hat. Schwierig wird es, wenn mehrere Exemplare derselben Gemüseart im Spiel kreisen. Aber auch hier werden wir feststellen, dass jede Frucht, jede Knolle oder jede Wurzel ihre eigene individuelle Form und Größe hat.

■ Für Spürnasen

Wer lebt im Komposthaufen?

Welches Alter? Vorschulkinder, Kinder und Jugendliche
Wie viele? Bis 30
Wie lange? Beliebig
Womit? Feine Pinsel, Lupen, Becherlupen, Schaufel, Sieb, Grabegabel und ein helles Leintuch

Ein tolles Gefühl: Einfach mal in den Kompost greifen.

Der Kompost ist das „Herzstück" jedes Gartens, denn hier entsteht Nahrung für Gemüse, Obst und Blumen. Betrachten wir einmal, was mit Kartoffelschalen, Rasenschnitt, Blättern oder Kaffeesatz passiert, sobald sie auf den Kompost geworfen werden: Alle diese Abfälle haben eines gemeinsam – sie sind organisch. Im Kompost werden diese organischen Stoffe zerkleinert und in Humus umgewandelt. So sind beispielsweise an der Umwandlung eines einzigen Laubblattes Milliarden kleiner Lebewesen beteiligt: Pilze, Mikroorganismen, aber auch kleine Bodentiere und Regenwürmer. Diese Umwandlung nennt man Rotte.

Die Bodenlebewesen, die die organische Substanz in Humus umwandeln, brauchen natürlich auch gute Arbeitsbedingungen: Sie benötigen ausreichend Wärme, Luft und Feuchtigkeit. Ist ein Kompost zu nass oder hat er zuwenig Sauerstoff, dann mögen die Bodenlebewesen auch nicht arbeiten. Das Material verrottet dann nicht, sondern es verfault. Deshalb riecht ein gut funktionierender Kompost auch nach Erde; wenn er dagegen vor Nässe trieft, verströmt er einen fauligen Geruch.

Wir schieben die Laubabdeckung eines Komposthaufens, der schon mindestens 6 Monate liegen sollte, beiseite und öffnen ihn vorsichtig mit einer Grabegabel. Ein bis zwei Schaufeln halbverrotteter Kompost werden nun durch das grobe Sieb vorsichtig auf das helle Leintuch verteilt. Mit einer Lupe oder einem Mikroskop werden die Kleinlebewesen genauer betrachtet. Die Kinder entdecken Regenwürmer und andere Kleinlebewesen, wie zum Beispiel Tausendfüßer, Erdläufer oder Springschwänze, die das abgebaute Material fressen, vermischen, verdauen, wieder ausscheiden und dabei den gesamten Kompost gut durchmischen. (Eine grobe Übersicht über die Bodenlebewesen findet sich im Kapitel „Wege und Zäune", S. 86)

Regenwurmglas

Welches Alter? Vorschulkinder, Kinder und Jugendliche
Wie viele? Bis 30
Wie lange? Mehrere Tage bis Wochen
Womit? Siehe Kasten. Erde, Sand, Kompost, wenige Salatblätter

Regenwürmer sind richtige „Arbeitstiere". Ihr ganzes Leben lang fressen und schieben sie sich durch die Erde. Dabei entstehen Röhren, in die Luft und Wasser eindringen können. Der Boden wird so gelockert, gelüftet und gleichzeitig durchmischt, denn die Erde und die organischen Abfälle, die die Regenwürmer in sich hineinfressen, kommen am anderen Ende als fruchtbarer Humus wieder heraus. Man findet diesen

Humus dann auf der Erdoberfläche als so genannte Kotbällchen.

Um das arbeitsame Leben eines Regenwurmes beobachten zu können, bauen wir ein Regenwurmglas.

> *Baumaterial*
> Zwei 30 × 50 cm große Plexiglasscheiben (etwa 3 mm dick)
> 1 m Kantholz (5 × 5 cm)
> 26 kleinere Holzschrauben
> 2 größere Holzschrauben
> Etwas Gaze oder sehr feines Drahtgeflecht

Das Kantholz sägt man in drei Stücke, eines zu 40 cm und zwei zu je 30 cm für die beiden Seiten. Damit überschüssiges Wasser abfließen kann, bohrt man mit einer Bohrmaschine mehrere Löcher durch das längere Kantholz, das auf den Boden zu liegen kommt. Auf die Oberseite des Kantholzes befestigt man den Gazestreifen oder das sehr feine Drahtgeflecht und schraubt dann an den beiden Enden des Kantholzes die Seiten-Kanthölzer fest, so dass es ein „U"

Regenwürmer sind überhaupt nicht langweilig, sondern fleißige Bodenverbesserer.

ergibt. Nun bohrt man an den kürzeren Seiten der beiden Plexiglasscheiben 4 und an der längeren Seite 5 Löcher (etwa 1,5 cm vom Rand entfernt). Die Löcher sollten etwas versetzt gebohrt werden. Die Plexiglasscheiben werden nun auf beiden Seiten der Kanthölzer fest angeschraubt, die Gaze muss fest anliegen, damit sich keine Würmer darin verfangen können.

Nun kann man mehrere Schichten von Sand, Erde und Kompost in das so entstandene Behältnis füllen. Auf die unterste Schicht Sand füllen wir feuchte Erde, auf diese wiederum eine Schicht Sand, dann eine Schicht Kompost, eine Schicht Sand, eine Schicht feuchte Erde mit einigen Laubblättern und zuletzt eine Schicht Kompost. Im Garten suchen wir einen oder mehrere Regenwürmer und setzen diese auf die oberste Kompostschicht. Das Regenwurmglas sollte an einen dunklen, kühlen Ort gestellt – auf keinen Fall über die Heizung – und mit einem Tuch abgedeckt werden.

Nach etwa 30 bis 60 Minuten halten wir das Tuch kurz hoch, um zu schauen, wo sich die Regenwürmer befinden. Bald schon kann man beobachten, wie die Regenwürmer Gänge durch die verschiedenen Schichten bohren und diese dabei vermischen. Nach ein oder zwei Tagen füttern wir die Würmer mit etwas welken Salatblättern und beobachten, was passiert. Nach Beendigung der Beobachtungen werden die Regenwürmer vorsichtig wieder im Garten freigelassen.

Tiere als Gärtnergehilfen

Welches Alter? Vorschulkinder, Kinder und Jugendliche
Wie viele? Bis 30, dann aber in Kleingruppen
Wie lange? 45 Minuten
Womit? Eventuell Lupen, Bestimmungsliteratur

Ob Maulwurf, Sperling, Grasfrosch oder Marienkäfer – ein Gemüsegarten ist voller Tiere! Viele davon sind nützliche Helfer, die Schädlinge, wie die gefräßigen Blattläuse, Schnecken und Raupen jagen und vertilgen, so dass noch genügend Ernte für uns Menschen übrig bleibt. Allerdings muss ein Gärtner seine Gehilfen auch kennen, sonst weiß er nicht, wer ihm schadet und wer ihm nützt. Gemeinsam wird in Kleingruppen nach diesen tierischen Helfern Ausschau gehalten. Die Kinder und Jugendlichen suchen am Boden, auf Bäumen, auf Pflanzen, unter Steinen, im Lattenzaun

Plexiglasscheiben

Kantholz

Gaze oder sehr feines Drahtgeflecht

Schrauben

In natürlich gewachsenem Boden fühlen sich Regenwürmer immer noch am wohlsten. Deshalb sollten sie nach dem Beobachten ihrer Bodenaktivitäten baldmöglichst wieder in die Freiheit entlassen werden.

Kohlmeisen sind häufige und fleißige Nützlinge im Garten.

oder auch im Gießwasser nach ihnen. Nach 15 Minuten kommen alle wieder zusammen. Gemeinsam wird eine Liste der Nützlinge im Garten zusammengestellt.

Einige tierische Helfer im Garten
Fledermäuse sind in ihrem Vorkommen stark gefährdet, weil sie nur noch wenige Scheunen oder Höhlen als Unterschlupf finden. Fledermäuse können sich sehr gut in der Dunkelheit orientieren und fangen nachts vor allem Insekten, wie zum Beispiel Eulenfalter, Spanner und Schnaken.

Auch **Igel** jagen in der Dämmerung. Ihre bevorzugte Beute sind Schnecken, Engerlinge, Würmer, Raupen und Mäuse. Als Belohnung für ihre guten Taten holen sie

sich manchmal aber auch die eine oder andere Erdbeere aus dem Garten.

Vögel erfreuen uns nicht nur durch ihren fröhlichen Gesang, bei dem jede Arbeit leichter fällt. Viele Gartenvögel wie Rotkehlchen, Meisen, Finken, Sperlinge und Rotschwänze sind eifrige Helfer und jagen Insekten, Raupen und Larven von Insekten. Da ihre Jungschar aber nie genug zu fressen bekommen kann, scharren sie auch schon einmal Samenkörner oder junge Keimlinge aus der Erde. Um das zu verhindern, sollte die Aussaat grundsätzlich mit einem Maschendraht o. ä. abgedeckt werden.

Blindschleichen leben nur in Gärten, in denen es auch nasse Stellen gibt, denn sie lieben den Wechsel von Land und

Wasser. Blindschleichen sind keine Schlangen, sondern Echsen. Auch sie haben sich auf die Jagd von Schnecken, Würmern und Insekten spezialisiert.

Florfliegen gehören zu den anmutigsten heimischen Insekten. Man erkennt sie sofort an ihren durchsichtig grüngeäderten Flügeln und ihren relativ großen, goldfarbenen Augen. Ihre Larven sind äußerst gefräßig: Bis zu 500 Blattläuse pro Tag kann eine Larve vertilgen! Als Erwachsene halten Florfliegen eher Diät: Sie ernähren sich von Honigtau und Wasser.

Der gepunktete **Marienkäfer** ist der Lieblingskäfer aller Kinder! Obwohl Käfer eher zu den so genannten Ekeltieren gehören – bei dieser Art machen alle Kinder eine Ausnahme. Nicht alle Marienkäfer haben 7 Punkte, die Anzahl und die Größe der Punkte können variieren. Sowohl Larven als auch ausgewachsene Käfer ernähren sich vorwiegend von Blattläusen – und das nicht zu knapp: Bis zu 3000 Blattläuse frisst eine Larve im Durchschnitt bis zu ihrer Verpuppung.

Ohrwürmer leben gerne im Dunkeln, so zum Beispiel in Erdröhren oder in umgedrehten und mit Heu gefüllten Tontöpfen, die in Bäumen aufgehängt werden. Nachts macht der Ohrwurm sich auf die Jagd nach Läusen, die tagsüber den gefräßigen Larven der Marienkäfer und Florfliegen entkommen sind.

Schwebfliegen ähneln sehr unseren Wespen und werden deshalb oftmals Opfer ängstlicher Menschen. Von den Wespen sind sie jedoch an zwei Merkmalen sehr klar zu unterscheiden: Sie haben keine Wespentaille, und sie sind sehr klein (7–15 mm). Auch ihre Larven fressen vor allem Blattläuse. Die erwachsenen Schwebfliegen spielen eine wichtige Rolle als Bestäuber von Blütenpflanzen.

Schlupfwespen erkennt man an den dunklen, schimmernden Flügeln und an ihrem langen Legestachel. Für sie hat sich die Natur etwas Raffiniertes einfallen lassen: Mit dem Legestachel bohren die Insekten Blattläuse an und legen ihre Eier in die lebende Laus! Die Larve frisst dann von innen die Laus auf und verpuppt sich auch darin. Bis zu 1000 Läuse können von einem Schlupfwespenweibchen als Brutstätte benützt werden.

Spinnen rufen bei vielen Menschen Angst hervor – dabei müssten die mechanischen Eigenschaften ihrer Spinnfäden jeden Brückenbauer vor Neid erblassen lassen. Und auch als Gartengehilfen sind Spinnen besonders nützlich. Fliegen und Mücken stehen auf dem Speiseplan, aber auch Blattläuse, Käfer und Falter werden gefressen. Dem Menschen gegenüber sind heimische Spinnen vollkommen harmlos.

Spinnen sind im Garten überaus nützlich. Ihre Netze sind wahre Wunderwerke – einfach mal genau hinschauen!

Gemüsegarten

■ Für Bastler

Kapuzinerkresse-Essig

Welches Alter? Vorschulkinder, Kinder und Jugendliche
Wie viele? Bis 30
Wie lange? Ansetzen 1 Stunde, insgesamt 14 Tage
Womit? Obstessig, Blüten der Kapuzinerkresse

Ein Geheimrezept aus unserem Garten: Kapuzinerkresse-Essig! Von der Kapuzinerkresse können Blätter und Blüten genutzt werden. Aber auch die geschlossenen Knospen und die grünen, noch unreifen Samen finden in der Küche Verwendung. Sauer eingelegt schmecken sie wie ein Kapernersatz.

Um den Essig herzustellen, füllen wir ein Einmachglas mit den prächtigen Blüten der Kapuzinerkresse. Zuvor wird jede Blüte aber vorsichtig ausgeschüttelt, damit keine Ohrwürmer und andere Insekten in den Essig gelangen.

Danach wird das Glas randvoll mit Obstessig aufgefüllt und dicht verschlossen. Der angesetzte Essig muss nun an einem sonnigen, aber nicht zu warmen Platz 14 Tage ausharren. Nach dieser Zeit ist der Essig fertig, die Blüten werden abgeseiht und der würzige Kapuzinerkresse-Essig kann in hübsche Gefäße abgefüllt werden.

Gartentagebuch

Welches Alter? Kinder und Jugendliche
Wie viele? Bis 30
Wie lange? Beliebig
Womit? Je nach Bedarf ein leeres Heft, Blätter, Farben, Fotos etc.

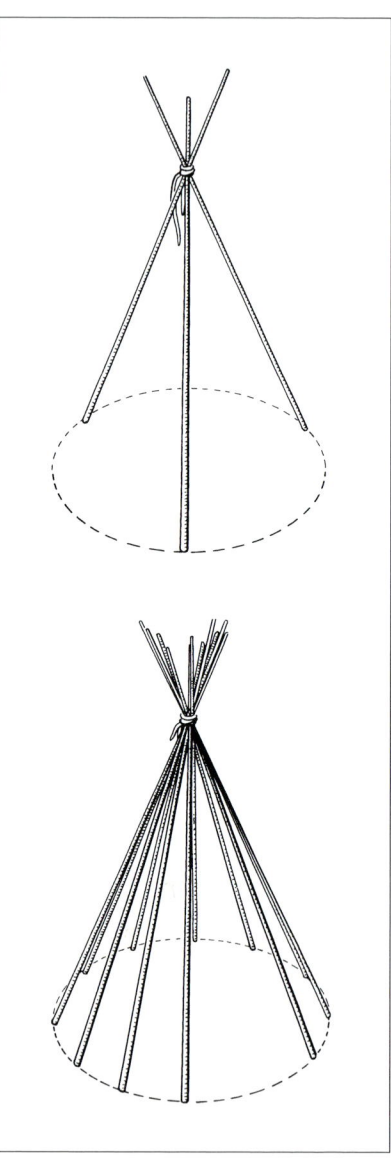

Das Grundgerüst für das Feuerbohnen-Tipi ist schnell errichtet.

Die Beobachtungen, die wir während des Jahres in einem Garten machen, lassen sich in einem Gartentagebuch dokumentieren. Darin wird in Wort und Bild alles, was erlebt, beobachtet und erforscht wurde, eingetragen. Ein Gartentagebuch kann auch von einer ganzen Klasse gemeinsam erstellt werden.

Feuerbohnen-Tipi

Welches Alter? Vorschulkinder, Kinder
Wie viele? Bis 30
Wie lange? 1 Stunde
Womit? 11 Holzstangen, jeweils etwa
2,50 m, Sisalschnur (erhältlich im
Gartenfachmarkt)

Als Rückzugsecke für Kinder eignet sich in den Sommermonaten ein „Feuerbohnen-Tipi". Hierzu bauen wir mit 11 etwa 2,50 m langen Holzstangen ein „Tipi". Wir markieren einen Kreis von einem Meter Durchmesser und stecken zunächst drei Holzstangen, mit einer leichten Neigung zur Kreismitte, bis zu 20 cm tief in die Erde, so dass wir diese oben am Kreuzungspunkt mit Sisalschnüren zusammenbinden können. Danach fügen wir nach dem gleichen Prinzip die nächsten drei Stangen in die entstehenden Freiräume ein und binden auch diese zusammen. Die restlichen Holzstangen werden nun ebenfalls in die übrigen Zwischenräume eingefügt, wobei zwischen zwei Stangen ein Freiraum für den Eingang bleibt und zwischen den restlichen Stangen der Abstand etwa 30 cm beträgt.
    Die Bohnensamen sollten erst ab Mitte Mai in die Erde gesteckt werden. Etwa zwei Tage zuvor weichen wir die Samen über Nacht in einer Schüssel mit Wasser ein. Am Morgen wird das Wasser fortgeschüttet, die angekeimten Bohnensamen werden weiterhin morgens und abends mit Wasser besprüht. Sobald die Keimlinge etwa 1 cm groß sind, können jeweils drei Samen am Fuße einer Stange in die Erde gesteckt werden. Dann wird mit Spannung verfolgt, wie sie an den Stangen hochranken und wie ein grünes Zelt entsteht!

Feurige Experimente

Welches Alter? Vorschulkinder,
Kinder und Jugendliche
Wie viele? Bis 30
Wie lange? Beliebig
Womit? Brennmaterial

Ob Kartoffeln oder Mais gebraten werden – ein Grillfeuer ist immer ein ganz besonderes Erlebnis für Groß und Klein. Zu beachten ist aber, dass nur an vorgesehenen Feuerstellen Feuer entfacht werden darf. Sowohl in der freien Natur als auch in Wohnsiedlungen – wilde Feuerstellen dürfen nicht gebaut werden! Auch sollte darauf geachtet werden, dass immer ein Erwachsener dabei ist, wenn gezündelt wird. Wem es gelingt, ohne Streichholz und nur mit Lupen, trockenen Blättern, Feuersteinen und trockenem Holz ein Feuer zu entfachen, der darf den ersten gegrillten Maiskolben essen!

> **Achtung beim Feuermachen**
> Ein Feuer darf nur an vorgesehenen Feuerstellen entzündet werden. In Wohnsiedlungen ist Feuermachen nicht erlaubt!

49

Kräutergarten – Düfte und Gewürze

Wo Feen ihre Zauberpflanzen finden

Zu Kräuterpflanzen gewinnen Kinder schon sehr früh einen Bezug – ob mit Zwerg Nase, der dank des Kräutleins „Niesmitlust" wieder zu seiner früheren wunderschönen Gestalt zurückfindet, oder mit Fatme, die dank einer Arznei, die sie in einen todähnlichen Schlaf versetzt, aus der Sklaverei befreit werden kann: Kräuter weisen vielen Märchengestalten ihren Weg zum Glück.

Aber nicht nur in der Märchenwelt – auch in jedem noch so kleinen Blumenkasten ist Platz für die verschiedensten Kräuter, die dann mit ihrem würzigen oder betörenden Duft und ihren hübschen, farbenfrohen Blüten jeden Balkon zu einem Erlebnis für die Sinne werden lassen. Kräuter eignen sich ausgezeich-

Die Raupe des Schwalbenschwanzes ist genauso hübsch wie der Falter.

net, um gemeinsam mit Kindern Natur zu begreifen. Duftende Lavendelsäckchen können gefüllt, Blütenbilder gezaubert und allerlei Leckereien mit Kräutern hergestellt werden. Gleichzeitig sind Kräuterpflanzen ideale Beobachtungsplätze, um heimische Insekten genauer kennen zu lernen.

Vor allem Wildbienen und Hummeln suchen in der warmen Frühsommersonne in den Blüten von Pfefferminze, Kerbel, Kümmel, Melisse, Bergbohnenkraut, Salbei, Ysop oder Borretsch nach Nektar. Die Raupen des Kleinen Feuerfalters oder des Schwalbenschwanzes fressen an Sauerampfer und Gemeinem Dost. Und auch die Raupenfliegen, die die Raupen vieler landwirtschaftlicher Schädlinge, so zum Beispiel von Kohl- oder Saateulen, parasitieren und so zu deren Reduzierung beitragen, finden ihr Futter an Würzkräutern wie Dill, Fenchel, Liebstöckel, Thymian oder Petersilie.

Es macht Spaß, gemeinsam mit Kindern Kräuterbeete anzulegen oder auch einmal einen Blumenkasten zu einem Kräuterkasten umzufunktionieren. Der Fantasie sind dabei keine Grenzen gesetzt. So können Beete zum Beispiel in streng geometrischen Mustern, ähnlich den früheren Bauerngärten, oder in verschiedenen Blütenformen angelegt werden. Auch in jeder Staudenrabatte oder im Gemüsegarten stellen wohlriechende Kräuter zwischen den anderen Blumen und dem Gemüse eine hübsche und pflegeleichte Auflockerung dar.

Das Kräuter-ABC

Kräuter gehören zu den ein-, zwei- oder mehrjährigen Gewächsen.

Einjährige Kräuter gelangen in einer Wachstumsperiode zur Blüte und Samenreife und sterben danach ab. Zu den einjährigen Kräutern gehören etwa Dill, Borretsch, die Garten-Ringelblume, die Echte Kamille und Koriander. **Zweijährige Kräuter** bilden im ersten Jahr nur Triebe und Blätter und sterben am Ende der ersten Wachstumsperiode bis auf ihre unterirdischen Teile ab. Im

Der Garten-Salbei ist ein Halbstrauch mit sehr aromatischen Blättern.

zweiten Jahr entwickeln sie die Blüten. Nach der Samenbildung im zweiten Jahr sterben die zweijährigen Kräuter ebenfalls ab. Typische Vertreter sind Kümmel und Petersilie, vor allem aber Gemüsearten wie Fenchel oder Sellerie, die ja auch zum Würzen verwendet werden können.

Der Großteil unserer bekannten Würzkräuter gehört allerdings zu den mehrjährigen Pflanzen und bildet **Stauden**, **Halbsträucher** oder **Sträucher** aus. Stauden produzieren jährlich neue oberirdische Sprosse und Blüten und sterben im Herbst bis auf ihre unterirdischen Organe, wie zum Beispiel Knollen, Rhizome oder Zwiebeln, ab. Die Überwinterungsknospen sitzen meist dicht über dem Boden und sind dort auch zu sehen. Bei den Halbsträuchern und Sträuchern bleiben die jungen Triebe krautig, die alten Triebe verholzen dagegen. Im Winter frieren die krautigen Teile der Halbsträucher bis zu den verholzten Teilen zurück.

Zu den Stauden gehören die Gewöhnliche Schafgarbe, der Meerrettich, Wermut, Estragon, Gemeiner Beifuß, Ysop, Echter Alant, Liebstöckel, Zitronenmelisse und viele mehr. Die Halbsträucher und Sträucher sind im Kräutergarten durch Rosmarin, Garten-Salbei und Echten Lavendel vertreten.

Ein- und zweijährige Kräuter werden im Frühjahr direkt auf die Beetfläche ausgesät und leicht – höchstens bis zum Zweifachen der Dicke des Samens – mit feinem Sand oder Erde zugedeckt. Damit die Samen schneller keimen und die Jungpflanzen möglichst schnell heranwachsen, legt man ein Vlies über die Aussaatfläche. Aussaatzeit ist, je nach Pflanzenart, von Mitte März bis Mai.

Ein bunter Kräutergarten bietet einen hohen Wohlfühlfaktor für Menschen und Insekten.

Jungpflanzen lassen sich aber auch schon im Zimmer in Saatkisten oder Presstöpfen vorziehen. Im Mai – nach den Eisheiligen – werden sie dann ausgepflanzt. Mehrjährige oder ausdauernde Pflanzen können aber auch geteilt werden. In diesem Fall nehmen wir den Wurzelballen im Frühjahr aus dem Boden und teilen diesen mit dem Spaten, wobei darauf zu achten ist, dass jedes Teilstück mit Wurzeln und Knospen ausgestattet ist. Die Teilstücke sollten nach der Teilung sobald wie möglich wieder eingepflanzt werden. Dabei werden die Wurzelballen bodeneben in genügendem Abstand – etwa 50 cm – in den Boden gesetzt. Nach dem Pflanzen wird angegossen, damit die Wurzeln Bodenschluss bekommen und mit Was-

ser und Nährstoffen versorgt werden können.

Damit sich Aroma, Würzkraft und Heileigenschaften der Kräuter auch voll entfalten können, sollten diese eher an einem sonnigen Platz im Garten wachsen. Richtige Sonnenfans sind Schafgarbe, Knoblauch, Meerrettich, Estragon, Beifuß, Borretsch, Kümmel, Kamille, Majoran, Echter Lavendel, Garten-Salbei, Rosmarin, Ysop und Zitronenmelisse. Gartenkerbel, Wermut, Gartenkresse und Salbei-Gamander vertragen dagegen auch schattigere Plätze im Garten.

Die Füße der meisten Kräuter stehen lieber im Trockenen. Sieht man einmal von der Brunnenkresse ab, der es, wie der Name schon sagt, gar nicht nass genug sein kann, suchen sich die Kräuter in der freien Natur eher einen warmen, trockenen Standort. Deshalb sollte auch bei der Erdmischung darauf geachtet werden, dass ein ausgewogenes Verhältnis zwischen Sand, Humus und Lehm besteht. Zu trocken und sandig darf die Mischung allerdings auch nicht geraten, weil ansonsten lebenswichtige Nährstoffe zu schnell ausgewaschen werden.

Einigen Kräuterpflanzen sieht man schon äußerlich an, wo sie gerne wachsen. So fühlen sich Kräuter mit harten, schmalen Blättern, wie beispielsweise der Rosmarin, in der Sonne auf einem trockenen Standort wohl. Bei anderen Küchenkräutern, wie zum Beispiel Zitronenmelisse, Liebstöckel oder Borretsch erkennt man an den weichen, teils behaarten Blättern und an dem starken Blattzuwachs im Jahr, dass sie einen gut mit Nährstoffen versorgten Boden benötigen.

■ Für Entdecker

Summende Kräuter

Welches Alter? Vorschulkinder, Kinder und Jugendliche
Wie viele? Bis 20
Wie lange? 10 Minuten
Womit? Kein Material nötig, eventuell Papier, Zeichenunterlagen und Stifte

Um bewusster wahrzunehmen, dass Kräuter geradezu ein Paradies für allerlei Insekten sind, setzen wir uns an einem sonnigen Tag vor ein Kräuterbeet und schließen die Augen. Welche Geräusche nehmen wir wahr? War da das Summen von Bienen oder das Brummeln von Hummeln zu hören? Nach etwa 5 Minu-

ten kommen die Kinder zusammen und berichten ihre „Hörerlebnisse".

Das Spiel kann fortgesetzt werden, indem die Kinder aufgefordert werden, einmal zu beobachten, welche Kräuter besonders gerne von Insekten besucht werden und welche nicht. Nach ein paar Minuten kann gemeinsam eine „Besuchs-Hitliste" erstellt werden. Die Kinder können die besonders begehrten Kräuter auch zeichnen oder malen. Zusätzlich können Insekten bestimmt werden.

Kräuter-Memory

Welches Alter? Kinder und Jugendliche
Wie viele? Bis 15
Wie lange? 20 Minuten
Womit? Blühende Kräuter,
ein helles Leintuch

Wir trennen Blüten und Blätter von verschiedenen Kräutern, legen sie auf ein helles Leintuch und vermischen sie miteinander. Die Kinder und Jugendlichen sollen nun die entsprechenden Pflanzenteile einander wieder zuordnen.

> **Variante**
> Bei einer größeren Gruppe diese in zwei Mannschaften aufteilen und um die Wette Memory spielen lassen. Wer zuerst fertig wird, hat gewonnen.

Welch ein Duft!

Welches Alter? Vorschulkinder, Kinder und Jugendliche
Wie viele? Bis 30
Wie lange? 10 Minuten
Womit? Eventuell Augenbinden

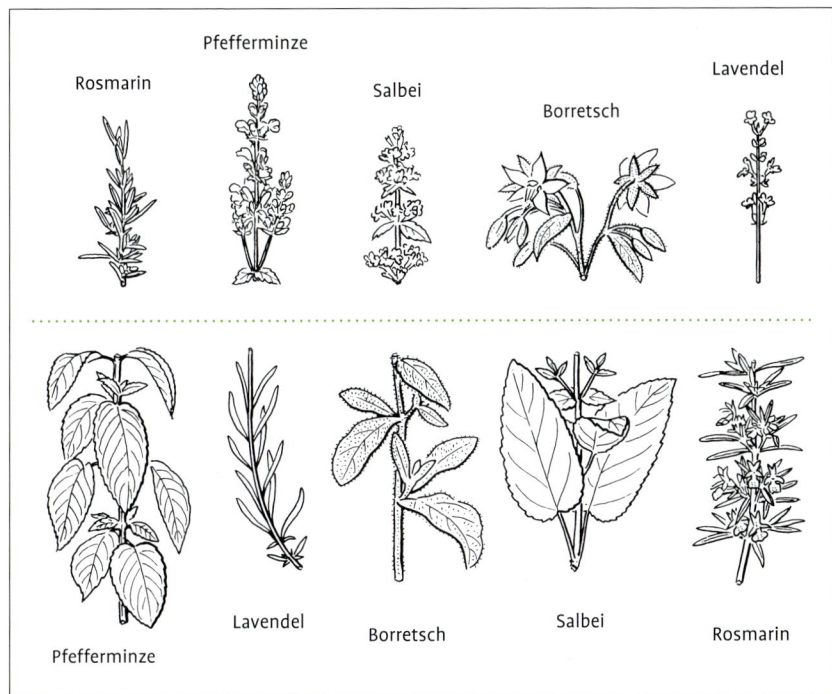

Rosmarin Pfefferminze Salbei Borretsch Lavendel

Pfefferminze Lavendel Borretsch Salbei Rosmarin

Welche Pflanzenteile gehören wohl zusammen? Kräuter-Memories können ganz schön knifflig sein!

Die Kinder und Jugendlichen bekommen den Auftrag, sich im Kräutergarten ein Blatt eines Würz- oder Duftkrautes zu holen, ohne es den anderen Mitspielern zu zeigen.

Sobald alle Kinder und Jugendlichen mit ihrem Blatt in der geschlossenen Hand zurückgekommen sind, sucht sich jeder Mitspieler einen Partner, dem er das Blättchen unter die Nase hält. Welch ein Duft in meiner Nase! (Damit sich der Duft besser entwickelt, sollte das Blättchen zuvor leicht zerrieben werden.) Mit offenen Augen riecht es sich schlechter. Deshalb sollen die Augen geschlossen bleiben, solange man an dem Gewürz-kraut riecht.

Zwei Varianten:
1. Die Kinder und Jugendlichen über-legen, an was sie der Duft erinnert. Hier werden Aussagen zu hören sein wie zum Beispiel „Das erin-nert mich an Duftschaumbad."
2. Sobald die Kinder den Duft aufge-sogen haben, suchen sie die dazu-gehörige Pflanze und stellen sie neben sich.

Klassisches Heilkraut bei Hautproblemen ist die Ringelblume.

■ Für Spürnasen

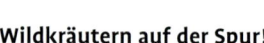

Wildkräutern auf der Spur!

Welches Alter? Kinder und Jugendliche
Wie viele? Bis 30
Wie lange? Beliebig
Womit? Kein Material nötig, eventuell
Bestimmungsbücher und Lupen

Nicht nur im Kräutergarten, auch vor der eigenen Haustüre finden sich Trocken-standorte mit zahlreichen wilden Würz- und Duftkräutern. Ob zwischen Geh-wegplatten, Pflastersteinen, auf Bahndämmen oder an Straßenbö-schungen: Salbei, Esparsette, Johannis-kraut und viele andere Kräuter, die wir auch im Kräutergarten anpflanzen,

beleben das sonst eintönige Grau. Oft sind es Kräuter der Steppen Osteuropas oder von Trockenstandorten der Mittel-meergebiete, die sich besonders an die extremen Bedingungen an den urbanen Standorten angepasst haben.

Die Kinder und Jugendlichen erhalten die Aufgabe, nach Kräutern in ihrem direkten Wohnumfeld zu suchen, die sich an trockene Ruderalstandorte ange-passt haben. In Kleingruppen wird untersucht:

1. Wo sind die Kräuter ursprünglich beheimatet?
2. Wie schützen sich die Kräuter vor Trockenheit und starker Sonnenein-strahlung?
3. Gibt es diese Vertreter oder Verwandte auch im Kräutergarten?

Wie heilen Kräuter?

Welches Alter? Kinder und Jugendliche
Wie viele? Bis 30
Wie lange? Beliebig
Womit? Eventuell Bestimmungsliteratur

Der Name der Kräuterpflanzen gibt oft schon einen Aufschluss über ihre Verwendungsmöglichkeiten als Heilpflanzen. Gemeinsam wird nach solchen Beispielen gesucht: zum Beispiel Beinwell, Augentrost oder Echtes Herzgespann.

Die Wirkstoffe der Kräuter sind dabei in bestimmten Pflanzenteilen, also in Blättern, Stängeln, Wurzeln, Blüten, Früchten oder Samen konzentriert. Gemeinsam werden die Kräuter im Schul- oder Hausgarten auf ihre Verwendungsmöglichkeiten hin untersucht. Die Kräuter können auch entsprechend ihrer heilkräftigen Pflanzenteile in Beeten zusammengefasst werden.

Ätherische Öle finden sich in vielen Gartenkräutern, zum Beispiel in Pfefferminze, Melisse und Baldrian. Daneben gibt es aber auch andere wichtige Wirkstoffe: Bitterstoffe in Löwenzahn oder Tausendgüldenkraut, Gerbstoffe in Minze-Arten oder Glykoside in Knoblauch und Rhabarber (Arznei-Rhabarber). Bei Schulklassen können im Unterricht begleitend zur Neuanlage eines Kräuterbeetes oder eines Kräutergartens die wichtigsten Wirkstoffe behandelt werden.

■ Für Bastler

Duftende Wegweiser

Welches Alter? Kinder und Jugendliche
Wie viele? Bis 30
Wie lange? Beliebig
Womit? Je nach Bedarf

Aus Holz oder anderen Naturmaterialien lassen sich hübsche und einfallsreiche Hinweisschilder für den Kräutergarten basteln. Darauf können neben dem Namen der Pflanze auch Hinweise auf die Heilwirkung, die heilkräftigen Pflanzenteile oder andere Eigenschaften gegeben werden.

Duftende Wegweiser erhält man, wenn man die Namen der Kräuter aus den Pflanzenteilen zusammensetzt, die die Wirkstoffe enthalten. Das Wort „Pfefferminze" lässt sich zum Beispiel aus kleinen Blättchen der Pfefferminze zusammensetzen, „Johanniskraut" aus seinen Blüten etc.

Kräuter-Köstlichkeiten

Welches Alter? Vorschulkinder, Kinder und Jugendliche
Wie viele? Bis 30
Wie lange? 20 Minuten
Womit? Siehe Rezept

Für die Küche bietet ein Beet mit Küchenkräutern zu jeder Jahreszeit die ideale Würzmischung. Aus getrockneten Pfefferminzblättern kann ein besonders aromatischer Tee zubereitet werden. Frische Blätter von Minze und Zitronenmelisse eignen sich gut, um Desserts zu garnieren. Oder wie wäre es mit einem Pfefferminzquark oder einem Verbenensirup?

Wo sind die Wirkstoffe in den Pflanzen gespeichert?		
Pflanzenname	**Wissenschaftlicher Name**	**Pflanzenteil mit Wirkstoff**
Berg-Arnika	*Arnica montana*	Blüten, Wurzelstöcke
Borretsch	*Borago officinalis*	Blätter
Eberraute	*Artemisia abrotanum*	Triebspitzen
Echte Engelwurz	*Angelica archangelica*	Blätter, Wurzeln
Echter Alant	*Inula helenium*	Wurzel
Echter Andorn	*Marrubium vulgare*	blühende Sprossspitzen
Echter Dost; Oregano	*Origanum vulgare*	Blätter, junge Triebe
Echter Eibisch	*Althaea officinalis*	Blätter, Wurzeln
Echter Lavendel	*Lavendula angustifolia*	Blattspitzen
Echter Lein	*Linum usitatissimum*	Samen
Echter Thymian	*Thymus vulgaris*	junge Triebe
Echtes Herzgespann	*Leonurus cardiaca*	blühende Sprosspitzen
Eisenkraut	*Verbena officinalis*	blühende Pflanzen
Garten-Ringelblume	*Calendula officinalis*	Blüten
Gemeiner Beinwell	*Symphytum officinale*	Wurzeln
Heiligenkraut	*Santolina chamaecyparissus*	blühende Sprossteile, Blätter
Knoblauch	*Allium sativum*	Grün, Knoblauchzehen
Koriander	*Coriandrum sativum*	Samen
Liebstöckel	*Levisticum officinale*	Blätter, Wurzeln
Minze-Arten	*Mentha*-Arten	Blätter
Rosmarin	*Rosmarinus officinalis*	Triebspitzen, Blätter
Tüpfel-Johanniskraut	*Hypericum perforatum*	Blätter, Blüten
Weinraute	*Ruta graveolens*	junge Triebe, Blätter
Wermut	*Artemisia absinthium*	Blätter
Ysop	*Hyssopus officinalis*	junge Triebe, Blätter
Zitronenmelisse	*Melissa officinalis*	junge Triebe, Blätter

Pfefferminzquark

200 g Quark
3 Esslöffel Joghurt
1 Esslöffel Honig
½ Vanilleschote
100 ml Sahne
½ Hand voll Pfefferminzblätter

Den Quark mit dem Joghurt und Honig verrühren. Das Vanillemark und die steif geschlagene Sahne unter den Quark geben. Pfefferminzblätter waschen (falls nötig), fein hacken und in den Quark geben. In Schälchen oder Gläsern anrichten und mit Minzeblättern dekorieren.

Verbenensirup

250 g Verbenenblätter
250 g Zucker
1 l Wasser

Die Verbenenblätter werden mit 1 l Wasser aufgekocht und bis zum Erkalten stehengelassen. Danach seiht man die Blätter ab. Mit den 250 g Zucker in einem Topf unter stetem Rühren aufkochen, sofort in vorgewärmte Flaschen füllen und diese verschließen.

Dieses Kraut kennt jedes Kind: Basilikum schmeckt mit Tomaten.

Kräutersäckchen – kinderleicht

Welches Alter? Vorschulkinder, Kinder und Jugendliche
Wie viele? Bis 30
Wie lange? 1 Stunde
Womit? Getrocknete Kräuter, Seidenstoff oder Spitzentaschentücher, Watte, Wollschnüre oder bunte Stoffbänder

Schon mit kleineren Kindern lassen sich hübsche und wohlriechende Kräutersäckchen herstellen. Für Säckchen mit gemischten Blüten sind besonders die Blüten von Kamille, Duftrose, Linde oder Holunder beliebt. Zimtstangen, Zitrusschalen oder Anissamen verstärken den Duft. Es können aber auch Duftöle (aus der Apotheke) verwendet werden, die man direkt auf die getrockneten Blüten oder auf einen Wattebausch träufelt. Den Wattebausch legt man dann zwischen die Blüten in das Säckchen hinein.

59

Kräuterspirale

Welches Alter? Kinder und Jugendliche
Wie viele? Bis 30
Wie lange? Mehrere Tage
Womit? Steine, Erde, Sand, Gartengeräte

Da unsere Küchenkräuter aus ganz unterschiedlichen Regionen Europas stammen, haben sie dementsprechend auch verschiedene Ansprüche an den Standort. Neben zahlreichen Kräutern, die Sonne und Trockenheit lieben, gibt es andere, die leichte Beschattung, humose und feuchte Böden bevorzugen oder sogar in seichtem Wasser gedeihen. Auf einer Grundfläche von nur 3 bis 4 m² bietet die Kräuterspirale jedem Kraut die passenden Bedingungen.

Gleichzeitig ist die spiralförmig aufgeschichtete Trockenmauer Lebensraum für zahlreiche Mauerpflanzen und Tiere (vgl. Kapitel „Weinberg und Trockenmauer"). Durch die spiralförmige Anordnung und das Angebot unterschiedlicher Bodenqualitäten lassen sich sehr viel mehr Kräuter ansiedeln, als dies auf einem ebenen Beet mit gleicher Grundfläche möglich wäre.

Zuerst wird der Grundriss abgesteckt, dann werden die Natursteine wie eine freistehende Trockenmauer aufgeschichtet. Sie sollte sich leicht nach innen neigen, damit keine Steine herausfallen. Der Innenraum wird mit Erde, grobem Schotter oder Bauschutt verfüllt (Bauschutt ist besonders gut geeignet, weil er viel Kalk enthält und die meisten Kräuter kalkhaltigen Boden brauchen). Im oberen

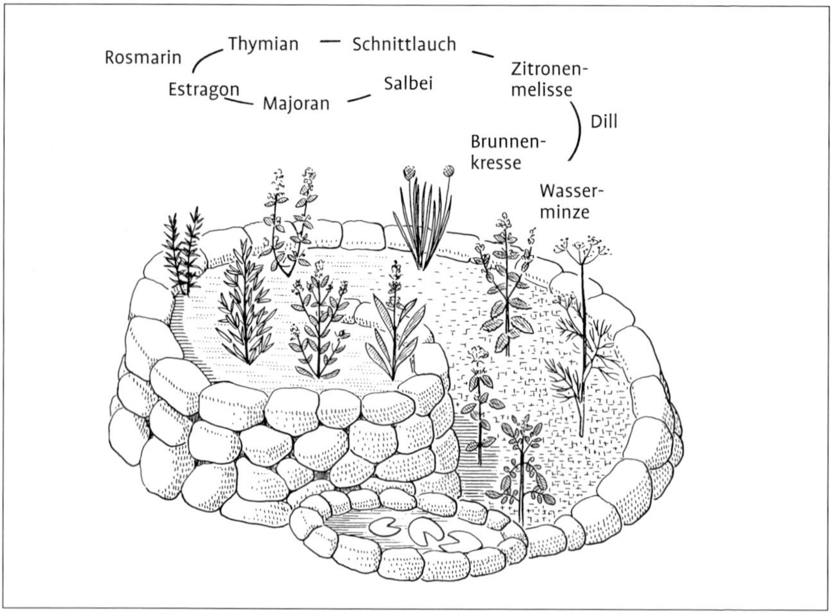

So kann eine Kräuterspirale bepflanzt werden.

Bereich, wo die Sonne ungehindert einstrahlen kann, bekommt die Spirale eine magere, mit viel Sand versetzte Bodenabdeckung und zwei- bis dreimal im Jahr etwas Algenkalk – das ist der Standort für anspruchslose und wärmeliebende Kräuter wie Thymian, Salbei, Tripmadam und Rosmarin. Die Steine der Trockenmauer sind hervorragende Wärmespeicher für kühle Nächte. Weiter nach unten wird der Boden allmählich lehmig bis humos. Der untere, nach Norden orientierte Teil wird mit Gartenerde und Kompost aufgefüllt. Hier wachsen schattenverträgliche und feuchtigkeitsliebende Kräuter wie Petersilie, Pimpinelle und Dill. Hochwachsende Kräuter pflanzt man am besten am nördlichen Rand, damit sie den kleinwüchsigeren Arten kein Sonnenlicht wegnehmen. Zu den höherwüchsigen Arten gehört Oregano auf dem nährstoffarmen oder die Weinraute auf dem weniger nährstoffreichen Abschnitt der Kräuterspirale.

Am Fuß der Spirale kann ein kleiner Teich so angelegt werden, dass die Folie zur Kräuterspirale hin Anschluss hat. So entsteht ein feuchter Standort, an dessen Rand sich Brunnenkresse, Sauerampfer und Wasserminze wohl fühlen.

Hübsch, nützlich, kompakt: die Kräuterspirale.

Brachflächen in der Stadt – Oasen mit Goldschatz

Raum für Pioniere und Genügsame

Die Jungen strolchen durch das Gelände. Sie schneiden Zweige von Gehölzen ab und schnitzen sich Speere. Es dauert nicht lange, und sie graben mit ihren Speeren ein großes Loch in die Erde. Wenn es regnet, dann wird sich vielleicht darin eine Pfütze bilden, durch die sie springen oder hüpfen können. Sie hören ihre Freunde lachen und schauen zu ihnen hinüber. Peter und Michael sind im Goldrausch! Die gelben Blütenköpfchen des Rainfarns haben die beiden zu „reichen Herren" gemacht. Angelockt durch das Lachen kommen auch andere Kinder herbeigelaufen, um zu sehen, was es da Interessantes gibt. Sie erzählen, dass sie gestern hier auf den Steinen einer richtigen Schlange begegnet sind. Das ist natürlich eine Neuigkeit! Eine echte Schlange wiegt jeden noch so großen Sack reinen Goldes auf. Mit einer Mischung aus Unbehaglichkeit und angespannter Vorfreude machen sich nun alle gemeinsam auf die Suche nach dem Tier. Der kleine Bruder läuft hinterher – er hat zwar noch nicht so genau begriffen, was denn jetzt eigentlich so spannend sein soll, aber Hauptsache er ist dabei ...

Große und kleine Sträucher, aus denen man Speere oder Pfeil und Bogen schnitzen kann, Blüten in allen Farben und Formen, kleine Tümpel, Steine unterschiedlichster Größe und „gefährliche" Tiere – kein Zweifel, die Kinder spielen mitten in ihrer Stadt!

Verlassene Fabrikgelände, alte Gleisanlagen, wildes Gelände – das ist ihr Spielplatz. Keine Schaukel oder Wippe ist so aufregend wie diese wilde Natur mit ihrem Laub, ihren Wiesen und den hohen Bäumen, die im Gegensatz zu gebauten Klettertürmen noch wahre Herausforderungen darstellen. Hier lässt es sich unbeobachtet spielen, hier können Kinder ihre Kräfte und ihre Geschicklichkeit messen und ihre eigenen Grenzen erfahren. Im Laufe des Jahres verändert sich dieser Spielraum ständig, so dass neue, selbst erdachte Spiele möglich sind. Und das Beste daran: in diesem Spielraum kann auch eingegriffen werden! Im Gegensatz zu Spielplätzen, wo meist nur im Sandkasten kreatives Spiel möglich ist, sind hier die Kinder Baumeister und können ihren Lebensraum mitgestalten und eigene Verantwortung für ihn übernehmen.

Je nach Boden und vorheriger Nutzung entwickeln sich auf diesen Flächen die unterschiedlichsten Pflanzen. Besonders für Arten, die trockene Standorte brauchen, stellen Brachflächen oft die letzten Rückzugsgebiete dar. Befindet sich das Brachland noch in einem jungen Stadium, so trifft man auf trockene Standorten häufig auf den Scharfen Mauerpfeffer und das Quendel-Sandkraut. Gänsefußgewächse finden sich dagegen mehr auf nährstoffreichen Aufschüttungen. Liegt das Brachland länger

ungestört, so gedeihen dort viele Gräser-Arten wie Glatthafer, Rotschwingel oder Wiesen-Rispengras, aber auch Beifuß-Rainfarn-Gesellschaften. Auch viele Tierarten sind auf diese Standorte angewiesen – so die Mauereidechsen, Zauneidechsen, Schlingnattern und viele gefährdete Amphibien, die während der Sommermonate auf dem Land leben. Bilden sich in den Winter- und Frühlingsmonaten kleine Pfützen und Tümpel, so können die Amphibien darin auch ablaichen. Sträucher und Bäume, die sich erst nach mehreren Jahren auf den Brachflächen entwickeln, bieten vielen Vogelarten Brut- und Nahrungsmöglichkeiten.

Sicherlich können nicht viele Stadt- oder Dorfkinder auf naturnahen Brachflächen spielen. Wo es aber möglich ist, sollten den Kindern diese meist „verbotenen Flächen" wieder als Erlebnis- und Spielräume zurückgegeben werden. Selbst wenn es nur kleine, ungeordnete Flächen auf Hinterhöfen sind, auf denen Kinder Natur erleben – auch sie tragen zu einer gesunden Entwicklung unserer Kinder bei.

Das Zauneidechsen-Männchen trägt zur Paarungszeit leuchtend grüne Seiten.

Aber auch außerhalb von Brachflächen ist es in der direkten städtischen oder dörflichen Umgebung möglich, Kindern Naturerlebnisse zu vermitteln. Manchmal müssen zuvor einige Voraussetzungen dafür geschaffen werden. Aber auch dabei können Kinder und Jugendliche mit einbezogen werden, so zum Beispiel bei der Anlage von Steinriegeln oder Trockenmauern, beim Bau von Nistmöglichkeiten oder einfach bei der Anlage eines Komposthaufens. Im Folgenden finden Sie eine kurze Übersicht von Möglichkeiten, wie weitere natürliche Spiel- und Erfahrungsräume in der Umgebung von Kindern und Jugendlichen entwickelt werden können.

Klein aber fein!

Wenn wir kleine Randbereiche von Nutzung und Pflege ausgrenzen, werden Wildkräuter sprießen, die früher als Unkraut abgetan und beseitigt wurden. Gerade diese „wilden" Ecken sind aber eine große Bereicherung für die Natur. Wildbienen, Schmetterlinge und andere Insekten finden auf den kleinen Ruderalflächen Futterpflanzen und Nistmöglichkeiten. Es sollte dabei selbstverständlich sein, dass auf den Einsatz von Chemie in jeder Form verzichtet wird!

Auch in einem bepflanzten Wasserfass können Naturstudien betrieben werden, wenn die Anlage eines Tümpels zu aufwändig ist.

Mit Sonnenblumen bepflanzte Kübel können der Beginn für die Entstehung eines Schulgartens sein, wenn man erst einmal den Arbeitseifer und die Begeisterung für das neue Projekt testen will. Kübelpflanzen können überall zum Einsatz kommen, wo der versiegelte Boden zunächst nicht angegriffen werden soll.

Einen Komposthaufen anlegen

Ein Komposthaufen ist besonders geeignet, um Kindern einen Einblick in den Lebensraum Boden zu geben und den Stoffkreislauf in der Natur zu erklären. Der Verrottungsprozess kann dabei unmittelbar erlebt und die zahlreichen Bodentiere leicht beobachtet werden. Die Kinder und Jugendlichen lernen, was auf dem Kompost verrottet und welche Abfälle nicht umgewandelt werden können. Sie sorgen mit Spaß und Eifer dafür, dass „ihre" Bodentiere im Kompost niemals Hunger leiden müssen.

Für den Kindergarten eignet sich ein Kompostbehälter aus Holz, der preisgünstig im Baumarkt erhältlich ist. Er wird zusammengesteckt und an einem halbschattigen, windgeschützten Ort (zum Beispiel unter Bäumen, hinter einer Hecke) direkt auf den Boden gestellt.

Als unterste Lage bringt man eine etwa 20 cm dicke Schicht zerkleinerter Holzreste oder anderes grobes Material aus, damit der Kompost ausreichend mit Luft versorgt wird. Nun kann das zu verkompostierende Material aufgebracht werden. Wichtig ist, dass möglichst viele verschiedene Materialien (frisch und holzig, grob und fein, trocken und feucht) gut miteinander vermischt werden. Über frische Küchenabfälle sollte man eine dünne Schicht Erde streuen, damit keine Ratten angelockt werden.

Ist der Kompost fertig aufgeschichtet (nicht höher als 75 cm), bleibt er etwa

ein halbes Jahr liegen, bis die Zersetzung zu Komposterde weitgehend abgeschlossen ist.

Regenwasser sammeln

Eine Regentonne ist schnell aufgestellt und funktioniert ganz von alleine. Das gesammelte Wasser kann als Gießwasser verwendet werden, um kostbares Trinkwasser aus der Leitung einzusparen. In unseren niederschlagsreichen Breiten macht sich diese Nutzung auch finanziell bald bemerkbar.

Nistplätze schaffen, Nisthilfen bauen

Schleiereulen, Turmfalken und auch Fledermäusen ist der Wohnraum knapp geworden. Sie haben sich zwar an die menschlichen Siedlungen angepasst, werden nun aber häufig durch unser Sauberkeitsbestreben ausgesperrt. Wir könnten diesen Kulturfolgern helfen, indem wir Kirchtürme, öffentliche Gebäude und Scheunen mit ungenützten Dachböden offenlassen. Gerade in Scheunen erhalten Eulen die Möglichkeit, auch bei Eis und Schnee erfolgreich auf Mäusejagd zu gehen. Wer den Eulen helfen, aber die Tauben fernhalten will, kann auch im Freien Steinkauznisthöhren aufhängen.

Insektennisthilfen (siehe Zeichnung Seite 68) lassen sich leicht selbst bauen. Man nimmt kamingerechte Stücke von Hartholz, zum Beispiel Buche, und bohrt mit einem Handbohrgerät unterschiedlich tiefe und große Löcher (von 3 mm Durchmesser und 2 bis 4 cm Tiefe bis

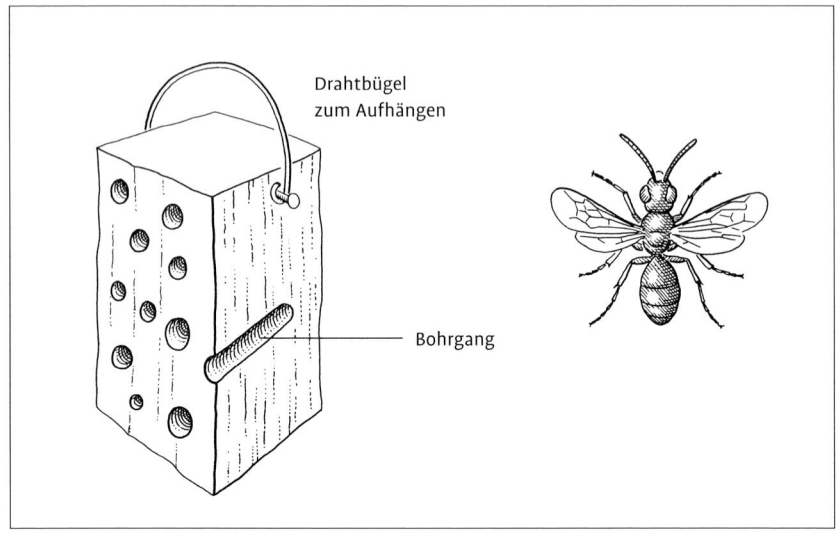

Drahtbügel
zum Aufhängen

Bohrgang

Die Bohrgänge in der Nisthilfe leicht nach oben verlaufend bohren.

hin zu 10 mm Durchmesser und 6 bis 10 cm Tiefe) in die Seitenflächen des Holzstückes. Die Bohrlöcher sollten im Holz leicht nach oben verlaufen, damit sich darin kein Regenwasser ansammeln kann. Aufgehängt werden die neuen Behausungen mit den Brutröhren für Schlupfwespen und Wildbienen an sonnenexponierten Stellen. Wird eine Röhre zur Eiablage genutzt, so erkennt man das daran, dass die Löcher von den Insekten mit einem Pfropfen verschlossen werden. Die Insektennisthilfen bleiben auch im Winter draußen.

Fassaden- und Dachbegrünung

Fassaden- und Dachbegrünung sind keine Erfindungen unserer Zeit: Schon die alten Griechen schmückten ihre Lauben mit Weinreben, römische Patrizier legten üppig bepflanzte, idyllische Dachgärten an, und auch Moos- und Reetdächer zeugen von alten Traditionen.

Die Bepflanzung und Begrünung von Fassaden und Dächern ist eine ideale Möglichkeit, den an anderen Stellen verloren gegangenen Lebensraum für Tiere und Pflanzen zurückzugewinnen. Auch sorgt ein „Pflanzenpelz" für ein verbessertes Kleinklima, er reinigt die Luft, schützt Gebäude rundherum vor Wind, Regen und Energieverlusten und belebt das Stadtbild.

Zahlreiche Tiere und Pflanzen haben sich auf diese zusätzlichen ökologischen Nischen eingestellt. So ernährt sich zum Beispiel die Mönchsgrasmücke, wenn sie nicht genügend Insekten findet, fast ausschließlich von den Beeren des Efeus. Aber auch Bienen, Schmetterlinge und

Der Wilde Wein zeigt eine besonders schöne Herbstfärbung.

Nachtfalter haben sich auf das Nektar-sammeln an Kletterpflanzen speziali-siert.

Nahezu für jede Mauer gibt es auch die passende Kletterpflanze. Entweder rankt sie durch eigene Saugwurzeln und Haftscheiben empor oder man bringt einfache Kletterhilfen wie Spanndrähte, Schnüre, Latten und Stangen an.

Um eine Fassade erfolgreich und dau-erhaft zu begrünen, sollten jedoch die klimatischen Standortverhältnisse, Lage und Orientierung der zu begrünenden Fläche berücksichtigt und danach die geeigneten Kletterpflanzen ausgewählt werden.

Unseren Dächern eine „grüne Haube" aufzusetzen, schafft neue Lebensräume für Tiere und Pflanzen, verbessert die Luftqualität, erhöht die Sauerstoffpro-duktion, hilft Energie zu sparen und ver-bessert das Stadtklima, denn begrünte Dächer speichern und verdampfen Nie-derschläge, die sonst über Regenrinne und Gully direkt abgeleitet würden.

Dach- und Fassadenbegrünungen ent-stehen auch auf natürlichem Wege in der freien Landschaft. Viele alte Fried-hofsmauern, Schlossruinen, kleine Wald-kapellen und historische Gebäude sind ganz von selbst von einem dichten Blät-ternetzwerk umhüllt worden. Besondere „Lebenskünstler" (Pioniere) besiedeln ältere, nicht zu steile Ziegel- oder Eter-nitdächer. So finden wir Flechten, die im ausgetrockneten Zustand Hitze und Frost überdauern können, oder Haus-wurzarten mit dickfleischigen Blättern, die als Wasserspeicher dienen. Sie berei-ten den Weg für die Ansiedlung anderer höherer Pflanzen. Durch den ständigen Pollenflug siedeln sich allmählich Pflan-zengesellschaften an, die mit diesen kargen Lebensbedingungen auskom-men. Ein weiterer natürlicher Fassaden- und Dachbewuchs, der in der freien Landschaft beobachtet werden kann, ist das Moos. Es hat hervorragende Isolati-onseigenschaften und dient unzähligen Käfern, Spinnen, Ameisen und anderen Insekten als Unterschlupf.

■ **Für Entdecker**

Kamera auf zwei Beinen

Welches Alter? Vorschulkinder, Kinder und Jugendliche
Wie viele? Bis 30, in Zweiergruppen
Wie lange? 20 Minuten
Womit? Kein Material nötig

Wir bilden Paare, wobei ein Partner den anderen, „blinden" Partner über das Gelände führt. Zu Beginn kann eine Pro-berunde gelaufen werden, damit sich beide an das neue Gefühl des „Geführt-werdens" oder des „Führens" gewöhnen können. Der Mitspieler, der führt, ist der Fotograf, die geführte Person die Kamera, mit der die Fotos geknipst wer-den. Der Fotograf führt nun die „Kamera" mit geschlossenen Augen an sechs bis acht verschiedene Pflanzen oder Orte im Garten. An den ausgewähl-ten Motiven bringt er die „Kamera" in Position, so dass das Objekt am ein-drucksvollsten zu sehen ist. (Bei dem Spiel sollte nicht gesprochen werden, Fotograf und Kamera verständigen sich nur durch Berührungen.) Stimmt die Ein-stellung, so betätigt der Fotograf den Auslöser, indem er der Kamera auf die Schulter klopft und „Klick" sagt. Nun darf der Verschluss, das heißt die Augen, für knapp 3 Sekunden geöffnet werden. Lässt der Fotograf den Auslöser los und wiederholt die Aufforderung „Klick", so schließt die geführte Person wieder ihre Augen. Haben wir alle Aufnahmen gemacht, so werden die Rollen getauscht. Abschließend sollten die Eindrücke, das heißt die Fotos, gemeinsam besprochen werden. Welches Bild hat besonders gefallen, welches am wenigsten?

Steinschmeichler

Welches Alter? Vorschulkinder,
Kinder und Jugendliche
Wie viele? Bis 30
Wie lange? 15 Minuten
Womit? Kieselsteine

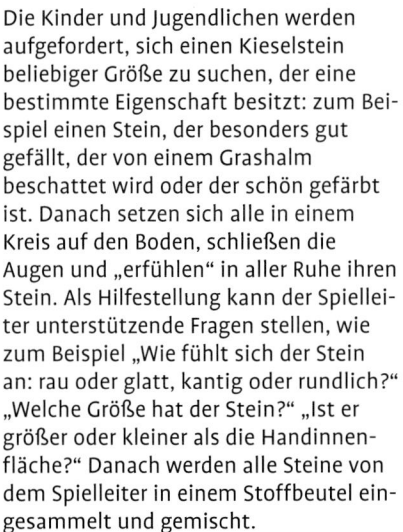

Die Kinder und Jugendlichen werden aufgefordert, sich einen Kieselstein beliebiger Größe zu suchen, der eine bestimmte Eigenschaft besitzt: zum Beispiel einen Stein, der besonders gut gefällt, der von einem Grashalm beschattet wird oder der schön gefärbt ist. Danach setzen sich alle in einem Kreis auf den Boden, schließen die Augen und „erfühlen" in aller Ruhe ihren Stein. Als Hilfestellung kann der Spielleiter unterstützende Fragen stellen, wie zum Beispiel „Wie fühlt sich der Stein an: rau oder glatt, kantig oder rundlich?" „Welche Größe hat der Stein?" „Ist er größer oder kleiner als die Handinnenfläche?" Danach werden alle Steine von dem Spielleiter in einem Stoffbeutel eingesammelt und gemischt.

Die Mitspieler schließen erneut die Augen und erhalten nun von dem Spielleiter einen beliebigen Stein aus dem Stoffbeutel. Ihre Aufgabe ist es nun, den „eigenen" Stein wiederzufinden. Dabei

werden die Steine mit geschlossenen Augen so lange im Uhrzeigersinn weitergegeben und mit den Händen befühlt, bis jeder seinen eigenen Stein wiedergefunden hat.

Ist das der Fall, können diese Mitspieler ihre Augen wieder öffnen. Sie bleiben aber im Kreis sitzen und geben den anderen Mitspielern, die noch auf der Suche nach ihrem Stein sind, die noch kreisenden Steine weiter.

Steintrommler

Welches Alter? Vorschulkinder, Kinder
und Jugendliche
Wie viele? Bis 30
Wie lange? 10 Minuten und länger
Womit? Steine verschiedener Größe

Musik mit Steinen! Wir sammeln verschieden Steine und testen ihre Töne beim Zusammenschlagen. Dann bilden wir als „Steintrommler" ein Orchester, zu dem natürlich auch ein Dirigent gehört, der die Einsätze und Pausen anzeigt.

Wer sucht, der findet …

Welches Alter? Kinder und Jugendliche
Wie viele? Bis 30
Wie lange? Beliebig
Womit? Vorbereitete Aktionskärtchen

Vorbereitete Kärtchen werden an die Mitspieler verteilt. Auf den Kärtchen steht zum Beispiel: „Suche etwas, das glatt, … rund, … kalt, … rau, … leicht, … schwer, … etc. ist und erzähle niemandem von diesem Geheimnis. Das Gesuchte muss sich in Deiner geschlossenen Hand verstecken lassen."

Schränkt die Sicht ein, doch schärft den Blick: eine einfache Pappröhre.

Nach einer Weile stellen sich alle im Kreis auf und zeigen sich gegenseitig, was sie gefunden haben. Die anderen müssen nun erraten, welche Eigenschaft das Geheimnis besitzen soll. Wer am meisten errät, hat gewonnen.

Lieblingsplätze

Welches Alter? Kinder und Jugendliche
Wie viele? Bis 30
Wie lange? 60 Minuten
Womit? Kein Material nötig

Wir führen uns gegenseitig durch unser Dorf oder den Stadtteil und zeigen uns die Plätze, die wir lieben, und die, die wir nicht so schön finden. Dieser Ausflug kann sehr gut mit einem Ratespiel verbunden werden. An bestimmten Plätzen angekommen, wird die Person, die hierher geführt hat, befragt, wo das Beson-

dere ist und ob es ein Lieblingsplatz oder ein nicht gern besuchter Platz ist. Die gestellten Fragen müssen so formuliert werden, dass sie nur mit „Ja" oder „Nein" beantwortet werden können. So lernen wir gegenseitig unser Wohn- und Lebensumfeld, den Schulweg und durch genaues Fragen und Zuhören auch unsere Freunde und Nachbarn kennen.

Neue Blickwinkel

Welches Alter? Vorschulkinder, Kinder und Jugendliche
Wie viele? 1 bis 30
Wie lange? 20 bis 60 Minuten
Womit? Papierrohre, Handspiegel oder Fernglas für alle

Bei einer „Stadtführung" bilden wir jeweils Paare. Diese führen sich nun abwechselnd (eine Person wird etwa 5 bis 10 Minuten geführt) auf bekannten Wegen, wobei die geführte Person ständig ein Papierrohr oder ein Fernglas vor die Augen hält. Statt Fernglas oder Papierrohr können wir auch einen größeren Spiegel mitnehmen, den wir mit beiden Händen festhalten und nach oben oder auf die Seite halten, so dass wir gut hineinschauen können. Ohne den Blick abzuwenden, lassen wir uns nun auf gewohnten Wegen führen.

Was konnte Neues beobachtet werden? Finden wir den gegangenen Weg wieder zurück? Ein Austausch in der Gruppe ist nach diesem Erlebnis sicher interessant.

Danach steigen wir gemeinsam mit unseren Papierrohren, Spiegeln oder Ferngläsern auf den Kirchturm und schauen uns alles einmal aus der Vogelperspektive an. Können wir bekannte Plätze, Straßen oder Häuser entdecken?

Varianten
Die letzten drei Spiele, die zugleich faszinierende Wahrnehmungsübungen sind, können wir natürlich mit verschiedenen Fragestellungen immer wieder aufs Neue wiederholen. So ist es beispielsweise interessant, auf diese Art beliebte oder neue Orte zum Spielen zu entdecken.

■ Für Spürnasen

Tiere auf dem Trockenen

Welches Alter? Vorschulkinder, Kinder und Jugendliche
Wie viele? Bis 30
Wie lange? Beliebig
Womit? Helle Leintücher (je nach Anzahl der Kleingruppen), eventuell Klapp- oder Becherlupen, Bestimmungsbücher

Trockene Standorte bieten Sandbienen, zahlreichen Heuschrecken- und Laufkäferarten einen wertvollen Lebensraum. Die Kinder und Jugendlichen bilden Kleingruppen zu 4 bis 6 Personen. Jede Gruppe erhält ein Leintuch, das sie nun an einem selbst ausgewählten Platz auslegt. Dort wird das Tuch für einige Minuten liegengelassen. Aus einem Abstand von mindestens 5 m beobachten die einzelnen Kleingruppen, wie Insekten auf das Leintuch hüpfen, kriechen oder fliegen. Nach ein paar Minuten nähern sich die Kinder vorsichtig den Leintüchern und betrachten – eventuell auch mit Hilfe von Klapp- oder Becherlupen – welche Insekten sich auf dem Tuch niedergelassen haben. Mit geeigneten Büchern werden die Kleinlebewesen bestimmt.

Wachsames Auge

Welches Alter? Vorschulkinder, Kinder und Jugendliche
Wie viele? 1 bis 30
Wie lange? 60 Minuten
Womit? Bleistift, Papier, Lupe

Die Gruppe wandert durch die Stadt und sucht nach Lebensräumen. Wer ein Nest an der Hauswand, bewachsene Fugen,

Das Grüne Heupferd ist eine recht häufige, große Heuschrecke.

ein grünes Dach etc. entdeckt, bekommt einen Punkt. Der Leiter notiert alle Punkte pro Teilnehmer und zählt sie am Schluss zusammen. Wer die meisten Punkte gesammelt hat, bekommt die Auszeichnung „Wachsames Auge" verliehen. Schön ist die Wiederholung des Rundganges zu verschiedenen Jahreszeiten, denn das „Kleid" der Häuser wandelt sich, sofern sie nicht nur mit Efeu bewachsen sind.

Der Natur auf der Spur

Welches Alter? Kinder und Jugendliche
Wie viele? 1 bis 30
Wie lange? Beliebig
Womit? Aufgabenzettel

Mehrere Gruppen bekommen eine unterschiedliche Aufgabe zur Beobachtung:

- Wie viele auffallende Einzelbäume zählt ihr? (Laub- und Nadelbäumen werden getrennt erfasst)
- Welche fremdländischen Gehölze wurden in Vorgärten gepflanzt?
- Gibt es Wasser im Dorf oder Stadtteil?
- Wo sind noch „wilde Ecken" übrig geblieben?

Die Gruppe geht gemeinsam durch die Stadt und versucht alle Naturräume und Einzelelemente zu erfassen und trägt beim Rundgang alle Beobachtungen in einen Stadtplan ein. Am Schluss sieht man ihn sich gemeinsam an und fasst die Ergebnisse zusammen.

74

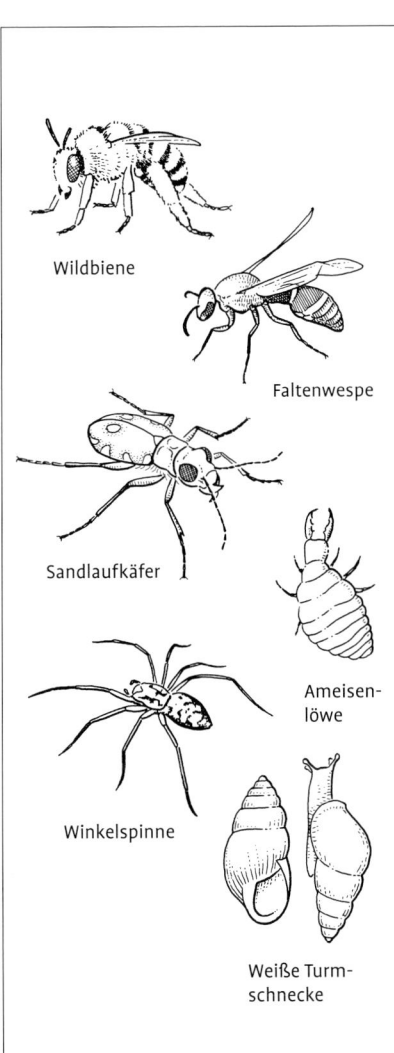

Wildbiene

Faltenwespe

Sandlaufkäfer

Ameisen-
löwe

Winkelspinne

Weiße Turm-
schnecke

Insekten und andere Tiere, die vor allem auf eher trockenen, warmen Standorten zu finden sind. Besonders versteckt lebt der Ameisenlöwe, der seine Beute (vor allem Ameisen!) im lockeren, sandigen Boden mit Hilfe seines Fangtrichters erbeutet.

Stadtrallye

Welches Alter? Kinder und Jugendliche
Wie viele? Bis 30, in Kleingruppen
Wie lange? Rallye: 1 bis mehrere Stunden;
Vorbereitung: Etwa 1 Tag
Womit? Aktionskärtchen

Der Leiter hat während einer Vorbesichtigung einzelne Lebensräume und Beispiele für positive und negative Eingriffe im Ort erkundet. Daraufhin schreibt er für zwei Gruppen jeweils fünf Aktionskärtchen mit einer Aufgabe oder Frage und versteckt sie an den verschiedenen Stationen. Auch beschreibt er auf jedem Zettel die jeweils nachfolgende Station. Beispiele:

1. Zettel: Wir stehen auf einer asphaltierten Hoffläche. Gibt es hier noch „wilde" Randflächen mit spontaner Vegetation, die nicht angepflanzt wurde? Suche das nächste Aktionskärtchen an dem einzelnen Hofbaum.

2. Zettel: Wir stehen unter einem heimischen Laubbaum. Wie heißt er? Sieht er gesund aus? Welche Gefahren drohen ihm? Suche das nächste Aktionskärtchen am Eingang zum Lebensmittelgeschäft „ …" an der Kreuzung„.

3. Zettel: Welche Produkte bietet der Laden an, die auch ein Bauer verkaufen könnte? Nenne Obstsorten, die aus dem Ausland importiert wurden. Suche das nächste Aktionskärtchen am Springbrunnen vor dem Rathaus.

Die Teilgruppen beginnen am gleichen Startpunkt, aber mit verschiedenen Aktionskärtchen, die zu unterschiedlichen Stationen weiterführen. Jede Gruppe notiert ihre Ergebnisse. Am 5. Punkt, der gemeinsamen Endstation, treffen sich alle zum Austausch der Ergebnisse wieder.

■ Für Bastler

Rassel-Orchester

*Welches Alter? Vorschulkinder, Kinder
und Jugendliche
Wie viele? Bis 30
Wie lange? Beliebig
Womit? Verschiedene Dosen, kleine und
große Kartonrollen*

Mit kleinen Kieselsteinen lassen sich
herrliche Rasseln bauen, indem Steinchen beispielsweise in eine Dose oder
Kartonrolle gefüllt werden. Schüttelt
man diese, rasselt es ordentlich. Werden
Steine in unterschiedliche Gefäße
gefüllt, lässt sich ein ganzes „Rassel-
Orchester" gründen.

Straßenbilder aus Steinen

*Welches Alter? Vorschulkinder, Kinder
und Jugendliche
Wie viele? Bis 30
Wie lange? Beliebig
Womit? (Kiesel-)Steine; eventuell Klebstoff*

*Aus Steinen lassen sich vielerlei kreative Dinge
herstellen.*

Ob Kiesel- oder Bruchsteine: Alle Steine
eignen sich vorzüglich für die Gestaltung von Straßenbildern. Die Steine werden dabei einfach auf dem Boden zu
einem Bild arrangiert oder ergänzen
Pflanzenbilder. Kleinere Kieselsteine
können wir auch auf einen stabileren
Karton aufkleben.

Alter Stein mit neuem Glanz

*Welches Alter? Vorschulkinder, Kinder
und Jugendliche
Wie viele? Bis 30
Wie lange? 1 Stunde
Womit? Kieselsteine, eventuell Schellack
(erhältlich im Bio-Fachhandel)*

Einen Kieselstein können wir mit Sand-
papier glatt schmirgeln, mit Schellack
lackieren und danach mit einem weichen Tuch polieren. So werden aus
besonders schönen Steinen zum Beispiel
noch schönere Briefbeschwerer.

Städtische Rubbel-Impressionen

*Welches Alter? Vorschulkinder, Kinder
und Jugendliche
Wie viele? 1 bis 30
Wie lange? Beliebig
Womit? Mehrere Bogen Papier, Holz-
oder Wachsmalstifte*

Bei einer Stadterkundung nehmen wir
große Bogen Papier und Holz- bzw.
Wachsmalstifte mit. So können wir uns
interessant erscheinende Strukturen
durchrubbeln, indem wir einfach das
Papier auflegen oder darauf festhalten
und mit den Stiften von oben flächig
bemalen. Verschiedene Strukturen von
Hauswänden, Blättern, Straßenbelägen,

Profitiert ebenfalls von Steinhaufen im Garten als Versteck und Sonnenplatz: die Blindschleiche.

Kanaldeckeln etc. können wir zu interessanten, vielfältigen Collagen gestalten.

Lebensraum für Spezialisten

Welches Alter? Vorschulkinder, Kinder und Jugendliche
Wie viele? Bis 30
Wie lange? Beliebig
Womit? Steine mittlerer Größe

Auf dem Schulgelände, aber auch in jedem Garten kann ein idealer Standort für die unterschiedlichsten Lebensraumspezialisten angeleget werden: mit einem Lesesteinhaufen. Solche Haufen oder bis zu mehrere Meter mächtige Steinriegel findet man heute nur noch in stark landwirtschaftlich geprägten Gegenden. Dort sammelten die Bauern über Jahrzehnte die bei der Bewirtschaftung der Felder störenden Steine auf. Vor allem in den Alpen, auf der Schwäbischen Alb, aber auch in typischen Weinbaugegenden findet man noch heute Zeugnisse dieser mühevollen Arbeit entlang der Grundstücksgrenzen.

In aufgeschichteten Steinhaufen versickert das Wasser sehr rasch. Aus diesem Grund fühlen sich hier nur ganz bestimmte Pflanzen und Tiere wohl, die auch extreme Hitze und Trockenheit vertragen können – Schlingnattern, Zauneidechsen und Smaragdeidechsen gehören dazu.

Tipp zum Steinesammeln
Wo man Steine für den Aufbau einer Lesesteinmauer beziehen kann, erfährt man bei der Gemeinde- oder Stadtverwaltung. Ersatzweise können auch Bruchsteine vom Abriss eines alten Hauses herangeholt werden.

Wege und Zäune – Ameisen und Könige

Mehr als von A nach B

Wie oft in unserem Leben befinden wir uns auf dem Weg – auf dem Weg in den Kindergarten, zur Schule, zur Arbeit, nach Hause, in den Urlaub oder zu Freunden? Die Kinder werden mit dem Auto zum Kindergarten gefahren, die Schüler legen ihren Schulweg mit dem Bus oder Moped zurück und auch wir Erwachsene müssen natürlich schnellstmöglich – mit Auto, Bus oder Bahn – den Arbeitsplatz oder Urlaubsort erreichen.

Ist für uns Erwachsene der Weg eher ein notwendiges Übel, um ans Ziel zu kommen, so können Wege für Kinder zum Spiel- und Erlebnisraum werden. Wie viel Neues und Aufregendes kann sich auf dem Schulweg ergeben! Neben der Bewegung an sich und den Gesprächen, die sich dabei entwickeln, sind die aufregendsten Abenteuer zu bestehen. Eine Fußgängerbrücke wird zur wild schaukelnden Hängebrücke, über die man nur vorsichtig balancieren darf. Dichte Hecken dienen als Beobachtungsposten für Spione, und verfaulte Astlöcher in den Bäumen werden zu Briefkästen für Geheimbotschaften. Und es gibt viel Arbeit für die Spione – Grenzgänger, wohin das Auge blickt! Hunderte von Ameisen verschleppen Samen von Schöllkraut und Schafgarbe und lassen diese heimlich in Ritzen von Mauern und in Spalten verschwinden. Ein frecher Zaunkönig hält Wache und schmettert sofort auf seinem Ausguck los, sobald er Gefahr im Verzug sieht. Ein Igel schleicht sich
heimlich am Zaun entlang und verschwindet verschreckt unter dem Gartentor hindurch, die Eidechse gibt sich dagegen ahnungslos und aalt sich scheinbar gelangweilt in der Mittagssonne. Abenteuer und Beobachtungen, die den Kindern bei einer Autofahrt entgehen!

So beliebt und wichtig der Spielort „Weg" oder „Straße" auch heute noch für Kinder ist, er wird immer weniger verfügbar für sie. Wege und Straßen dienen heute ausschließlich dem Verkehr, der mehr und mehr zur Barriere wird, die überbrückt werden muss, um sich mit Freunden zu treffen. Kein Platz lädt zum Verweilen, zur Kommunikation oder sogar zum Spielen ein. Und auch die Tier- und Pflanzenwelt hat hier das Nachsehen, denn der Verkehr muss in Fluss bleiben und duldet keine Unterbrechung!

Um so wichtiger ist es aber, dass im Hausgarten, im direkten Wohnumfeld der Kinder, aber auch im Kindergarten- und Schulumfeld Wege, Straßen und Plätze weitgehend naturnah gestaltet und den Kindern und Jugendlichen als Spiel- und Kommunikationsorte zurückgegeben werden.

In ein naturnahes Umfeld von Kindern gehören keine weiten Beton- oder Asphaltflächen. Es gibt heute bereits genügend erprobte Alternativen zur Befestigung von Wegen, so zum Beispiel mit Holzpflaster, Schotterrasen, Naturstein- oder Backsteinpflaster,

Das Gartenrotschwanz-Weibchen nutzt den Zaun als Warte.

Sand oder Kies. Diese Wegbefestigungen wirken nicht nur freundlicher als graue Betonflächen; sie schließen den Boden nicht völlig ab, so dass einer Bodenversiegelung entgegengewirkt wird. Und noch einen Vorteil haben diese Materialien: Durch ihre zahlreichen Farbvariationen, Strukturen und Musterungen fördern sie, im Gegensatz zu fertigen Betonsteinen, zusätzlich die Kreativität der Kinder und Jugendlichen beim Bauen und Spielen. Auch besitzt jede Region ihre eigenen, typischen Gesteine. Mit der Verwendung dieser ortstypischen Materialien helfen wir mit, die umgebende Kulturlandschaft in den Garten einzubeziehen und eine Verbindung zu

ihr darzustellen. So erhalten Kinder und Jugendliche einen persönlichen Bezug zur umgebenden Natur.

Wege können stabil oder als Trampelpfad angelegt werden. Im ersteren Falle benötigt man auf jeden Fall die Hilfe von Fachleuten und geeignete Maschinen und Werkzeuge. Ergeben sich auf dem Gelände spontane „Trampelpfade", so werden diese als scheinbar ideale Wege akzeptiert. Wegerich-Arten und verschiedene Gräser bilden hier einen trittfesten Bewuchs. Sollte der Trampelpfad aber aufgrund der häufigen Nutzung doch rutschig werden, können Trittsteine gelegt werden, zwischen denen sich die Vegetation wieder entwickeln kann.

Genauso wie die Wege gehören auch die Zäune zum i-Tüpfelchen eines Gartens. Mit wenig Aufwand und viel Fantasie können Zäune aus Naturmaterialien zu wunderschönen und naturnahen Gartenumgrenzungen werden, die für eine Vielzahl gefährdeter Gartenbewohner einen wichtigen Lebensraum darstellen. Kann auf Drahtgeflechte nicht verzichtet werden, zum Beispiel wenn Tiere vom Gemüsegarten abgehalten werden sollen, lässt man diese am besten von Brombeeren, Winden und reich blühenden Wicken überwuchern. Es eignen sich aber auch andere Blattranker oder Schlingpflanzen. Selbst Bohnen oder Erbsen lassen sich an diesen Geflechten hochziehen. Und wer ist nicht begeistert, wenn er auf einem Spaziergang an Zäunen vorbeikommt, hinter denen die hohen, dunkelroten oder rosafarbenen Stockrosen fröhlich im Wind schaukeln?

Zu überlegen ist, ob sich nicht eine einreihige Heckenanpflanzung aus verschiedenen heimischen Gehölzen als Einzäunung am besten eignet. Diese Anpflanzungen nehmen vielleicht relativ viel Platz ein, als wichtiger Lebensraum für Tiere sind sie aber gerade in einer dicht besiedelten Umgebung von unschätzbarem Wert.

Im Frühjahr bestechen sie durch ihre reiche Blütenpracht, die unzählige Bienen und Hummeln in den Garten locken. Im Herbst setzen sie mit dem bunten Farbenspiel ihres Laubs fröhliche Akzente in graue Regentage und liefern den Vögeln des Gartens schmackhafte Beeren.

Auch Flechtzäune aus Weiden oder anderweitigem Schnittgut sind nicht nur relativ schnell und einfach anzulegen, sie zeichnen sich zusätzlich durch ihre Pflegeleichtigkeit aus und überdauern mehrere Jahre. Je nach Bedarf können sie aber auch in jedem Frühjahr mit dem anfallenden Schnittgut ausgebessert werden.

Tipp zum fertigen Zaun
Flechtzäune zu bauen macht nicht nur Kindern und Jugendlichen großen Spaß; gleichzeitig eignen sich diese Zäune auch ganzjährig als Beobachtungsplatz für Gartenvögel, Igel und Insekten.

Klassische Schönheiten an Gartenzäunen sind die Stockrosen.

■ Für Entdecker

Gehen auf weichen Sohlen

Welches Alter? Vorschulkinder, Kinder und Jugendliche
Wie viele? Bis 30
Wie lange? 15 Minuten
Womit? Kein Material nötig, eventuell Augenbinden

Wie herrlich erholt fühlt man sich nach einer Wanderung auf einem weichen und abwechslungsreichen Waldboden, und wie ermüdend wirkt ein Gehen auf gepflasterten oder asphaltierten Wegen!

Um die anregende Wirkung auf unser Wohlbefinden bewusst wahrzunehmen, führen wir uns jeweils zu Paaren über unterschiedliche Bodenbeläge. Dabei schließt eine Person die Augen, die andere führt behutsam etwa 5 bis 10 Minuten auf möglichst unterschiedlichen Bodenbelägen spazieren.

Bevor wir beginnen, ist es ratsam, sich kurz gegenseitig „blind" zu führen, damit sich alle in die jeweilige Situation einfühlen können.

Während der „Führung" soll nicht gesprochen werden, damit sich beide Mitspieler besser konzentrieren können. Lediglich kurze Hinweise sollten gegeben werden, wie zum Beispiel: „Vorsicht, hier kommt eine Stufe!" oder „Bitte langsamer gehen!" etc …

Das Wahrnehmen der verschiedenen Bodenbeläge und die damit verbundenen Auswirkungen auf unseren Körper sind einprägsamer, wenn wir barfuß laufen.

Blinder Vielfüßer auf Tour

Welches Alter? Vorschulkinder, Kinder und Jugendliche
Wie viele? Bis 16 (wenn nötig, mehrere Gruppen bilden)
Wie lange? 20 Minuten
Womit? Kein Material nötig; eventuell so viele Augenbinden wie Mitspieler

Erlebnisreich ist die oben beschriebene Führung auch als „Blinder Vielfüßer". Dabei hat nur der „Kopf" des Vielfüßers, also die vorderste Person, die Augen offen. Alle anderen schließen die Augen und halten sich mit den Händen an den Schultern oder Hüften der vorangehenden Person fest. Um ein gemeinsames Gehtempo einhalten zu können, sollten entweder alle barfuß gehen oder alle ihre Schuhe anbehalten.

Vielfalt für die Nase

Welches Alter? Vorschulkinder, Kinder und Jugendliche
Wie viele? Bis 30
Wie lange? 10 Minuten
Womit? Kein Material nötig

Auch Steine riechen. Das werden wir feststellen, wenn der erste Regenschauer über die Wege aus den verschiedensten Naturmaterialien gezogen ist. Kinder und Jugendlichen können in diesem Spiel die gesamte Wege-Duftpalette kennen lernen. Sie werden feststellen, dass die Rindenwege eher harzig, andere Bodenbeläge eher modrig riechen und die zwischen den Steinen wachsenden Kräuter einen würzigen Duft verströmen. Nachdem die Kinder und Jugendlichen einige Minuten lang die verschie-

An einem Feldweg mit so üppiger Randvegetation gibt es reichlich zu entdecken.

denen Düfte und Gerüche mit ihren Nasen eingefangen haben, kommen alle zusammen und berichten, was alles gerochen wurde. Kann eine Duftpalette, ähnlich einer Farbpalette, gemeinsam zusammengestellt werden? Hierfür sucht man nach Düften von „süßlich" bis „modrig" oder „stechend".

Düfte fangen
Düfte können auch eingefangen werden. Die Pflanzenteile oder Teile von Naturgegenständen, die den Duft verströmen, gibt man in kleine Filmdöschen (kostenlos erhältlich in Fotogeschäften) und sortiert diese nach den verschiedenen Duftnoten.

Übung macht den Meister!

Welches Alter? Vorschulkinder, Kinder und Jugendliche
Wie viele? Bis 30
Wie lange? 30 Minuten bis 1 Stunde
Womit? Je nach Bedarf

Um das Gehen und Balancieren über unebene Flächen und bewegliche Hindernisse spielerisch zu üben, werden verschiedene Materialien zur Verfügung gestellt, mit denen Wege, Brücken oder Tunnel gebaut werden können. Dazu eignen sich Holzstämme, -balken und -bretter in verschiedener Dicke und Länge, aber auch Äste, mit Stroh gefüllte Säcke und loses Material, wie zum Bei-

83

spiel Rindenhäcksel, Erde, Gras, Kies, Sand und vieles mehr.

Mit dem Material wird nun gemeinsam ein Stück Weg durch den Schul- oder Kindergarten als Geschicklichkeitsparcours gestaltet. Auf bestimmten Wegstrecken können die Kinder auch zusätzlich bestimmte Aufgaben erhalten, zum Beispiel auf einem Bein zu hüpfen, den Boden nicht zu berühren, rückwärts oder möglichst laut bzw. leise zu gehen.

■ Für Spürnasen

Augen auf!

Welches Alter? Kinder und Jugendliche
Wie viele? Bis 30, in Kleingruppen
Wie lange? Beliebig
Womit? Vorbereitete Aktionskärtchen, Bestimmungsliteratur, helles Leintuch

Entlang des Wegrains wird genaues Hinsehen geübt, indem kleine Gruppen Beobachtungsaufgaben bekommen. Jede Gruppe zieht sich zwei bis fünf Aktionskärtchen, auf denen kleine Aufgaben vermerkt sind. Beispiel:

Sammle …
– 5 verschiedene Gräser,
– 5 verschiedene Samen oder Früchte,
– 5 verschiedene Beweisstücke, dass Tiere in der Gegend waren,
– 5 verschiedene Lippenblütler.

Nach etwa 10 Minuten treffen sich die Kleingruppen wieder und legen ihre Funde auf ein großes, helles Leintuch aus. Alle Entdeckungen werden begutachtet und besprochen.

Geheimnisvolle Verstecke unter Steinen

Welches Alter? Vorschulkinder, Kinder und Jugendliche
Wie viele? Bis 30
Wie lange? Beliebig
Womit? Einige Steinplatten, eventuell Bestimmungsliteratur

Entlang von Wegen werden einige Steinplatten, die zum Beispiel von einer Bauaktion im Garten übrig geblieben sind, im Abstand von einem bis mehreren Metern verteilt.

Bei Aufenthalten im Freien werden diese Steine in regelmäßigen Abständen immer wieder einmal aufgesucht, um zu schauen, welche Kleinlebewesen darunter Schutz suchen. Danach werden die Steine wieder behutsam zurückgelegt. Wissenswertes über die Kleinlebewesen erfährt man in Bestimmungsbüchern.

Wer wohnt in Hohlräumen zwischen Stein und Boden?
Ameisen leben im Garten gerne unter großen Steinplatten, da diese dem Volk, das sich darunter angesiedelt hat, nicht nur Schutz, sondern auch Wärme bis in die Nacht hinein liefern. Die Lieblingsspeise von Ameisen sind süße Säfte, manche Arten leben allerdings auch von anderen Insekten. Wenn sie auf die Suche nach Nahrung gehen, benutzen sie immer bestimmte Wege, die so genannten Ameisenstraßen – manchmal führen diese direkt in die Küche von Wohnhäusern, wo die Ameisen dann sehr lästig werden können.
Ohrwürmer sind vor allem nachts aktiv und leben unter Steinen und Holzstü-

Was verbirgt sich unter dem Stein? Umdrehen lohnt sich fast immer.

cken. Sie fressen pflanzliche und tierische Nahrung. Oft findet man Ohrwürmer auf Streuobstwiesen auch an Fallobst. Der Ohrwurm ist ein Nützling, denn er frisst sehr viele Blattläuse. Einige **Laufkäfer** werden bis zu 4 cm lang. Man erkennt sie an ihrem schlanken, aber kräftigen Körperbau, den langen Beinen und Fühlern. Laufkäfer können schnell laufen, aber meist nicht fliegen. Sie leben vor allem auf der Bodenoberfläche, nur kleine Arten dringen in den Boden ein. Laufkäfer sind ganz schön kämpferisch. Sie greifen sogar Schnecken und Würmer mit ihren spitzen Oberkiefern an. Ist die Beute zu groß, wird sie sozusagen vorverdaut, indem die Käfer einen Verdauungssaft auf das Beutetier spritzen. Dann werden die so „vorzerkleinerten" Tiere gefressen.

Wer wohnt im Boden, gelegentlich in Hohlräumen unter Steinen?
Regenwurm: Auf Wegen finden wir oft kleine Erdhäufchen: den Kot der Regenwürmer. Regenwürmer bewegen sich mit Hilfe ihrer Hautmuskulatur und der Borsten auf ihrem Körper fort. Sie fressen und schieben sich durch die Erde. Dabei entstehen Röhren, in die Luft und Wasser eindringen können. Der Boden wird so gelockert, gelüftet und durchmischt.
Schnurfüßer besitzen einen runden, langgestreckten Körper mit mindestens 35 Segmenten. Davon besitzt jedes –

85

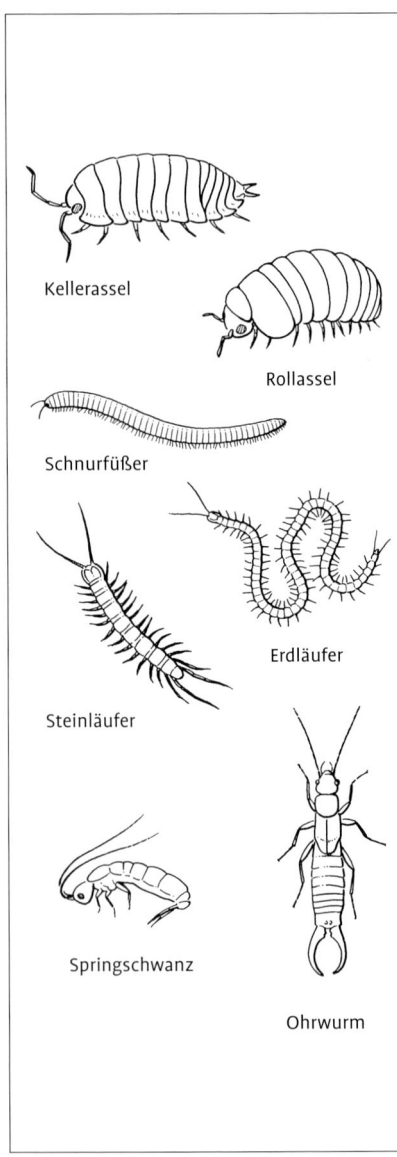

Kellerassel

Rollassel

Schnurfüßer

Erdläufer

Steinläufer

Springschwanz

Ohrwurm

Diese Tiere kann jeder finden, der den Boden genauer erforscht.

außer den vorderen – je ein Beinpaar. Werden Schnurfüßer bedroht, rollen sie sich zu einer Spirale zusammen. Sie ernähren sich von Laubstreu und Pilzmyzel.

Wer wohnt in Hohlräumen und im Boden?
Asseln gehören zu den Krebstieren! Sie besitzen einen abgeplatteten Körper mit einem dicken Außenskelett. Asseln ernähren sich von abgestorbenen Pflanzenteilen, sie nagen aber auch an toten Tieren. Im Garten gibt es Gartenasseln, Mauerasseln und Rollasseln. Letztere rollen sich bei Gefahr zu einer Kugel zusammen, ähnlich den Saftkuglern, die jedoch zu den Tausendfüßern gehören. Rollasseln findet man meistens in kleinen Grüppchen an trockenen Stellen, unter Steinen oder liegenden Baumstämmen.

Erdläufer sind gelblich braune Hundertfüßer mit 49 bis 51 Beinpaaren. Sie jagen nachts Regenwürmer und andere Gliederfüßer. Manche Erdläufer-Arten scheiden, wenn sie sich angegriffen fühlen, aus den Poren ihrer Bauchplatten einen Abwehrstoff aus, der Blausäure enthält.

Steinkriecher (Steinläufer) besitzen einen abgeflachten Körper mit langen Fühlern und 15 Paare lange Laufbeine. Sie sind recht aggressiv und wehren Angreifer mit ihren zangenförmigen Kieferfüßen ab, an deren Enden Giftdrüsen ausmünden. Fühlen sie sich sehr bedroht, laufen sie schnell weg. Steinkriecher ernähren sich von Tieren, die sie zufällig berühren.

Kalt und heiß

Welches Alter? Vorschulkinder, Kinder und Jugendliche
Wie viele? Bis 30
Wie lange? 20 Minuten
Womit? Kein Material nötig

Materialien mit einer geringen Wärmeleitfähigkeit (zum Beispiel Holz, Kork, Holzwolle) fühlen sich eher warm an als solche mit einer hohen Leitfähigkeit (wie Stein, Eisen). An einem bedeckten Sommertag sollen die Kinder und Jugendlichen barfuß im Freien über verschiedene Bodenbeläge gehen. Sofort werden sie feststellen, dass sich einige Bodenoberflächen warm und andere eher kalt anfühlen. Gemeinsam wird eine Liste der eher warmen und eher kalten Bodenoberflächen erstellt. Wovon hängt die Wärmeleitfähigkeit der verschiedenen Materialien ab? Das Experiment wird an einem sonnigen, heißen Tag mit Bodenbelägen wiederholt, die der Sonne ausgesetzt sind. Was hat sich geändert?

Blühende Zäune

Welches Alter? Vorschulkinder, Kinder und Jugendliche
Wie viele? Bis 30
Wie lange? Beliebig
Womit? Pflanzenmaterial

Gartenzäune können mit Schlingpflanzen wie zum Beispiel Feuerbohne, Pfeifenwinde, Ackerwinden oder Wicken begrünt werden. Viele dieser Schlinger blühen zudem wunderschön. Welche Insekten besuchen diese Pflanzen, und welche Schlingpflanzen finden wir in

Feuerbohnen sind schnelle und robuste Ranker mit hübschen Blüten.

unserer heimischen Umgebung? Gemeinsam wird in der direkten Wohnumwelt nach Beispielen für eine Begrünung von Zäunen Ausschau gehalten.

Weg- und Zaun-Reportage

Welches Alter? Kinder und Jugendliche
Wie viele? Bis 30
Wie lange? Beliebig
Womit? Je nach Bedarf Aussaatmaterial

Mit einer Jugendgruppe lässt sich ein interessantes Projekt zum Thema „Wege und Zäune in unserer Gemeinde" realisieren. Die Jugendlichen machen sich auf die Motivsuche in ihrer Umgebung. Wie sehen die Wege und Straßen in meiner Umgebung aus, wie die Zäune? Die Beobachtungen können fotografiert, gezeichnet, gemalt oder – wenn möglich – auch nachgebaut werden. Alle Ergebnisse werden in einer großen Ausstellung einem breiten Publikum vorgestellt. Vielleicht regen die sicherlich oft

Kletterpflanzen und andere Ranker			
Name	Wissenschaftlicher Name	Wuchs	Höhe
Pfeifenwinde	*Aristolochia macrophylla*	Schlinger	bis 10 m
Gemeine Waldrebe	*Clematis vitalba*	Blattranker	bis 8 m
Geißblatt	*Lonicera caprifolium*	Schlinger	bis 6 m
Wilder Wein	*Parthenocissus quinquefolia*	Ranker	bis 15 m
Wilde Rebe	*Vitis vinifera*	Schlinger	bis 10 m
Kapuzinerkresse	*Tropaeolum*-Hybriden	Schlinger	bis 3

auch tristen Darstellungen die Stadtplaner zu naturnaheren und kindgerechteren Lösungen an?

Gleichzeitig kann das Thema „Wege- und Straßenbau" aber auch fächerübergreifend behandelt werden, zum Beispiel mit folgenden Themen: Geschichte des Wege- und Straßenbaues, Reisen, Tourismus, Klimaschutz, Probleme des Straßenbaues, Geschichten und Lieder zum Thema „Weg, Reisende, Wanderschaft".

verwandeln. Die Entwürfe hierfür können von den Kindern und Jugendlichen gezeichnet werden.

Für die Anlage eines Steinweges ist unbedingt eine fachkundige Anleitung notwendig. Zusätzlich sind für den Bau des Untergrundes Baumaschinen (Rüttler) und Werkzeuge (Schaufeln, Rechen, Hacken, Schubkarre für den Transport der Steine) erforderlich. Diese können in den meisten Gartenfachmärkten oder auch beim städtischen Bauhof ausgeliehen werden.

■ Für Bastler

Kunstvolle Gartenwege

Welches Alter? Kinder und Jugendliche
Wie viele? Bis 30
Wie lange? Beliebig
Womit? Steine, Werkzeuge, Maschinen

Jeder Gartenweg wird durch einen abwechslungsreichen Belag zu einem besonderen Erlebnis. So lassen sich beispielsweise triste Wege durch die Kombination von verschiedenen Steinarten mit unterschiedlichen Färbungen in kunstvolle und einladende Promenaden

Fantasievolles Wegenetz

Welches Alter? Kinder und Jugendliche
Wie viele? Bis 30
Wie lange? Beliebig
Womit? Je nach Bedarf

Im Nutzgarten der Schule oder auch im Hausgarten lassen sich die Stauden- und Gemüsebeete auf vielerlei Weise miteinander verbinden. Stellen Sie den Schülern einfach nur das Material, wie zum Beispiel Holzlatten, Ziegelsteine, Zweige, Rindenhäcksel und Sand zur Verfügung und lassen Sie diese das Wegenetz einmal selbst

Blätter	Blüte/Blütenfarbe	Standort
herzförmig	Mai/gelbgrün	windgeschützt feucht
unpaarig gefiedert	Juli/cremeweiß	anspruchslos
gegenständig, elliptisch	Mai/gelb und rot	anspruchslos
3- bis 7-zählig gefingert	Juli/unscheinbar	anspruchslos
3- bis 5-lappig	unscheinbar	tiefgründig
rund	Juni bis Oktober gelb/ orangerot	anspruchslos

gestalten. Vorbilder für ein Wegenetz finden sich sicherlich auch in der Natur – beispielsweise könnten die Netze der Spinnen als Vorbild dienen. Auf jeden Fall werden die Ergebnisse sicherlich fantasievoll und sehenswert ausfallen.

Tipp: Grünflächenamt
Ein guter Kontakt zum Grünflächenamt der Stadt oder zum Bauhof der Gemeinde ist bei der Anlage von Gartenwegen von Vorteil. Bei ihnen können einige Materialien zum Nulltarif bezogen werden.

Wo geht's hier zum Komposthaufen?

Welches Alter? Vorschulkinder, Kinder und Jugendliche
Wie viele? Bis 30
Wie lange? Mehrere Stunden, beliebig
Womit? Je nach Bedarf

Wo Wege sind, werden wir auch meist von Wegweisern geführt. Gemeinsam können dafür Objekte aus Holz, Stein, Blech und vielem mehr gebaut und gestaltet werden.

Gartenwege müssen keineswegs gerade und gepflastert sein!

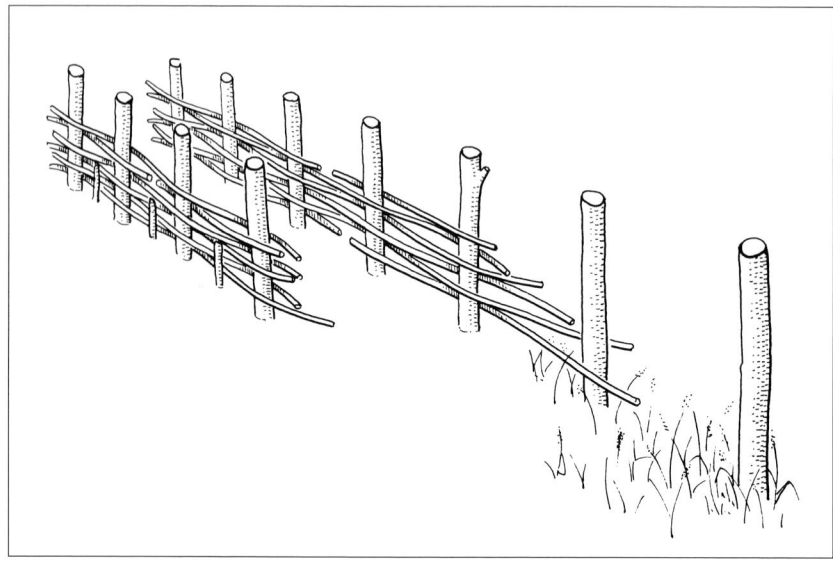

Zäune aus Weiden sind schön, kosten wenig Geld und halten mehrere Jahre. Will man einen Weidengang oder einen Weidentunnel bauen, so wird aus einem Weidenzaun eine der beiden Wände des Tunnels. Für den Bau einer länglichen Weidenbank müssen zusätzlich an den Seitenflächen Wände erstellt werden. Schließlich füllt man den entstehenden Hohlraum mit so viel Weidenschnittgut auf, dass man bequem darauf sitzen kann.

Einladende Eingänge

Welches Alter? Vorschulkinder, Kinder und Jugendliche
Wie viele? Bis 30
Wie lange? Beliebig
Womit? Je nach Bedarf

Der Eingang prägt den ersten Eindruck eines Gartens. Unter einem reich blühenden Bogen aus Heckenrosen den Garten zu betreten, macht sicherlich mehr Laune als durch ein kahles Tor zu gehen. Für die Torbegrünung können auch Schling- oder Rankpflanzen eingesetzt werden. Noch einfacher geht es mit langen Weidenruten, die in die Erde gesteckt und oben mit Sisalschnüren oder anderen bunten Schnüren zusammengebunden werden. Hat man den Garten in mehrere Räume unterteilt und beispielsweise mit „Naturzäunen" abgetrennt, so kann auch hier der Eingang in einen anderen Bereich des Gartens mit Pflanzenbögen oder Pergolen abwechslungsreicher gestaltet werden.

Web-Zäune

Welches Alter? Vorschulkinder, Kinder und Jugendliche
Wie viele? Bis 30
Wie lange? Beliebig
Womit? Je nach Bedarf

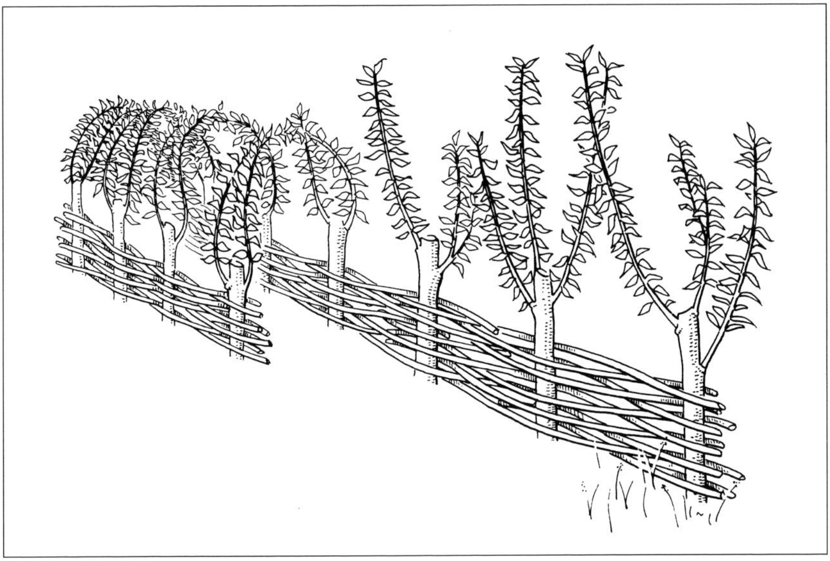

![Weidenzaun mit austreibenden Weidenstangen]

Damit die Weiden austreiben, darf der Boden nicht zu trocken sein. Es empfiehlt sich deshalb, die in den Boden getriebenen Weidenstangen regelmäßig zu bewässern.

Zäune aus Drahtgeflecht können begrünt werden, sie müssen es aber nicht. Naturmaterialien wie Gräser, Äste, Blätter, Blüten, Früchte, Getreide oder auch Wollvlies und Federn von Vögeln können in die Maschen eingewoben werden. So kann aus einem hässlichen Maschengeflecht ein einfallsreicher, witziger „Webteppich" werden, an dem das ganze Jahr nach Lust und Laune weitergearbeitet wird.

Lebende Zäune

Welches Alter? Kinder und Jugendliche
Wie viele? Bis 30
Wie lange? Beliebig
Womit? Je nach Bedarf Aussaatmaterial

Mit Zäunen aus lebendem Naturmaterial lässt sich das Außengelände jedes Jahr anders gestalten. Der Vorteil dieser Zäune liegt darin, dass sie über einen gewissen Zeitraum Rückzugsecken für Mensch und Tier bieten und das Gelände auflockern und unterteilen. Gleichzeitig können die Kinder und Jugendlichen das Gedeihen der Pflanzen beobachten.

Sehr gut eignen sich dazu Getreidepflanzen wie zum Beispiel Mais, Weizen oder Roggen. Im Anschluss daran ist zu überlegen, ob das Getreide nicht geerntet, gedroschen und gemeinsam zu Brot oder Fladen verarbeitet werden kann. „Blühende Zäune" gedeihen aus dem Saatgut von Sonnenblumen oder Topi-

Zäune selber bauen – mit Weidenruten gelingt das jedem Kind.

nambur, die bis zu 2 m und mehr hoch werden können. Zur Anlage genügt meist ein Streifen von etwa 50 bis 100 cm Breite.

Zäune aus Weiden

Welches Alter? Kinder und Jugendliche
Wie viele? Bis 30
Wie lange? Beliebig
Womit? Weidenruten mit 3 bis 6 cm Durchmesser und einer Länge von etwa 1,50 m; ausreichendes Weidenschnittgut zum Verflechten

Zäune aus lebenden Weiden haben den Vorteil, dass sie platzsparend und billig sind. Mit Kindern und Jugendlichen kön-

nen sie zudem relativ schnell angelegt und über Jahre hin einfach gepflegt werden. Verwendet wird dafür das im Frühjahr anfallende Weidenschnittgut. Die bis zu 6 cm dicken und etwa 1,50 m langen Weidenstangen werden am unteren Ende angespitzt. Anschließend

> **Tipp: Nulltarif**
> Bei städtischen Bauhöfen und Gartenämtern können die Weidenruten meist direkt zum Nulltarif bezogen werden. Um in den Genuss des kostenfreien Materials zu kommen, sollten Sie aber schon im Herbst bei den entsprechenden Stellen ihr Interesse an Schnittgut anmelden.

schlägt man sie mit einem großen Hammer mindestens 40 cm tief in den Boden ein, damit möglichst viele schlafende Augen an den Weidenruten in der Erde Wurzeln bilden können. Die Stangen sollten voneinander einen Abstand von etwa 40 bis 50 cm haben.

Zwischen die Stangen werden die 1 bis 3 cm dicken Weidenruten wechselseitig – vorne, hinten – bis in die gewünschte Höhe des Zaunes eingeflochten. Am oberen Ende werden die ausgefransten Weidenstangen sauber und eben abgeschnitten, damit sie nicht anfangen zu faulen. Die oberen Enden sollten nicht zu weit überstehen, damit sich die Kinder und Jugendlichen nicht daran verletzen können. Auch Zweige oder herausstehendes Astmaterial sollte sauber abgeschnitten werden, damit niemand am Zaun hängenbleibt und sich verletzt.

Länge und Höhe des Weidenzauns hängen von der zur Verfügung stehenden Materialmenge ab. Je nachdem ob der Untergrund eher trocken oder feucht ist, treiben die schlafenden Augen an den Weidenruten aus und bewurzeln. Deshalb ist es sinnvoll, nach dem Bau des Weidenzaunes diesen mindestens einen Monat lang regelmäßig zu bewässern.

Achtung: Weiden dürfen in der freien Landschaft nur in der Vegetationsruhe – November bis Februar – geschnitten werden!

Nicht in jedem Tunnel ist es dunkel ...

Welches Alter? Kinder und Jugendliche
Wie viele? Bis 30
Wie lange? Beliebig
Womit? Je nach Bedarf

Eine interessante und zugleich außergewöhnliche Auflockerung von Gartenwegen bietet der Weidentunnel; er lässt sich überall in ein Wegesystem integrieren und ist wie der Weidenzaun leicht zu pflegen. Um einen solchen Tunnel zu erhalten, pflanzt man zwei Weidenzäune (Anlage siehe oben), und verbindet deren Triebe in einer Höhe von etwa 1,80 m miteinander. Der Abstand der beiden Zäune sollte dabei mindestens 80 cm bis 1 m betragen. Für einen Weidentunnel braucht man allerdings etwas Geduld, bis die Weidenpflanzen die notwendige Höhe erreicht haben. Ist er aber fertig, so hat sich das Warten gelohnt, denn er gibt jedem Spaziergang im Garten ein Quäntchen Spannung und Reiz.

Trockenmauer – Platz für Sonnenanbeter

Wüstenklima für Spezialisten

Vera sitzt im Garten. Es ist ein warmer Sommerabend und ihr ist langweilig. Ihre Eltern haben Freunde eingeladen und sitzen nun vergnügt bei einem Glas Wein auf der Veranda. Leider haben die Freunde der Eltern keine Kinder mitgebracht, mit denen sie sich die Zeit vertreiben könnte. Gelangweilt blickt Vera vor sich hin. Eben geht die Sonne unter und die letzten Sonnenstrahlen werfen ein warmes Licht auf die Steine, die am Gartenhang zu einer Mauer aufgeschichtet sind. Vera blickt zu den Steinen hinüber und entdeckt eine Schlingnatter. Auch das noch! Entsetzt flieht sie zu den Eltern und beschwert sich über die Schlange im Garten und die Mauer, die die Schlange überhaupt in den Garten gelockt hat ...

Schlangen gehören zu den Tieren, vor denen Kinder und Jugendliche oft Angst und Ekel empfinden. Sucht man nach der Ursache dieser Abneigung, so lässt sich bei Schlangen vermuten, dass in der Abneigung der Kinder vor allem die Reaktion auf ein unbekanntes „Tier" zum Ausdruck kommt, das sich zu allem Überfluss auch noch schnell und unberechenbar bewegt. Aber auch ein glitschiges oder glattes Äußeres von Tieren ruft Abneigung hervor.

Was tun? So genannte Ekeltiere im Umfeld der Kinder völlig zu vermeiden ist nicht nur unmöglich, sondern ruft im „Ernstfall" oft auch überzogene hysterische Reaktionen hervor. Ein alltäglicher, normaler Umgang ist am ehesten geeignet, um eine Gewöhnung an diese Tiere herbeizuführen. Naturerlebnisse dienen hier also nicht nur dazu, die Lebensgewohnheiten und das Umfeld der Tiere kennen zu lernen, sondern sie bewahren Tiere wie Spinnen, Schnecken, Würmer oder Schlangen vielleicht auch vor einer panischen Reaktion der Menschen, die oft mit dem unnötigen Tod der Tiere endet.

Es bietet sich also an, im eigenen Garten an einem vollsonnigen Standort eine Trockenmauer zu errichten, um mit Kindern auch den normalen Umgang mit Tieren zu üben, die uns auf den ersten Anblick gar nicht so sympathisch sind. Hier können Lebensräume für Insekten, Spinnen, kleine Wirbeltiere und Schnecken entstehen. Werden einige Fugen und Spalten der Trockenmauer mit Erde aufgefüllt, siedeln sich zusätzlich wärmeliebende Pflanzen an, die wiederum gerne von Insekten aufgesucht werden. Besonders wenn nach einigen Regentagen die Sonne die Steine wieder erwärmt, schleichen sich die Zaun- und Smaragdeidechsen aus ihren Verstecken heraus, um die Sonnenplätze aufzusuchen und auf Insekten zu lauern. Den Schnecken dagegen wird es dann zu warm. Sie ziehen sich während der Tageshitze in die Spalten und Fugen zurück.

Ist kein Garten oder kein Platz für eine Trockenmauer vorhanden, lohnt sich

Schlingnattern bekommt man nur selten zu Gesicht. Sie ernähren sich von Eidechsen und Kleinsäugern.

Mauerpfeffer schmeckt scharf. Bitte Kinder nicht probieren lassen, Erbrechen kann die Folge sein.

eine Entdeckungstour in einen alten Weinberg, in dem die ursprüngliche Nutzung noch erhalten geblieben ist. Hat man sich den steilen Weinberg einmal selbst hochgemüht, so kann man sich kaum vorstellen, wie die Menschen früher ohne technische Hilfsmittel hier oben unzählige Steine zu Mauern und Stufen aufgestapelt haben. Natürlich schleppten die Weingärtner nicht ohne guten Grund die Steine den Berg hinauf. Trockenmauern, die die Steilhänge abstützen und Bodenabschwemmung vermindern, können Wärme speichern und das Kleinklima für die Reben erheblich verbessern, so dass die Verluste durch Frostschäden minimiert werden. Und natürlich fühlen sich hier auch wärmeliebende Tierarten wie die Blindschleichen, die Zaun- und Mauereidechsen und Schlangen wie die Schlingnatter oder die Kreuzotter sehr wohl. Sie lieben warme, sonnenbegünstigte, felsige oder steinige Geländeabschnitte, brauchen aber auch Felsspalten, Steinplatten oder Erdlöcher, um sich darin zu verstecken.

Pflanzen, die in den Fugen der trockenen Mauern gedeihen, müssen sich sogar an die oft bis zu 70 °C hohe Temperatur anpassen. Nur Spezialisten mit ihren mit Wachs überzogenen, dickfleischigen, Wasser speichernden Blättern, wie zum Beispiel der Mauerpfeffer, können hier noch leben.

Durch die häufige Bodenbearbeitung in einem Weinberg entstanden aber auch andere spezielle „Hack-Unkraut-Gesellschaften", zu denen Hirtentäschel, Winde, Vogelmiere und viele andere Pflanzenarten gehören. Diese typischen Bewohner von Weinbergen und Trockenmauern dienen wiederum einer Vielzahl gefährdeter Tiere als Nahrungsquelle und bieten ihnen einen geeigneten Lebensraum: zum Beispiel die Rote Taubnessel, die den überwinternden Hummelköniginnen als „Gästehaus" dient, oder die Weinraute, an denen der Schwalbenschwanz seine Eier ablegt.

Auch auf den Wegen und zwischen den Reihen der Rebstöcke siedeln sich eine Vielzahl von Pflanzen an. 200 bis 300 verschiedene Pflanzenarten – darunter Heil- und Gewürzpflanzen wie Fenchel, Bohnenkraut und Wermut – finden wir in einem Weinberg. Auch die Traubenhyazinthen, die Wildtulpen und andere, selten gewordene Zwiebelgewächse sind hier zu Hause.

■ Für Entdecker

Heulende Schnecken

Welches Alter? Kinder und Jugendliche
Wie viele? Bis 30
Wie lange? Beliebig
Womit? Leere Schneckenhäuser

Wo es feuchte Verstecke zwischen den Steinen gibt, sind auch die Landschnecken zu finden. Jeder Mitspieler sucht sich ein leeres Schneckenhäuschen, klemmt es zwischen zwei Finger und versucht durch Hineinblasen einen Heulton zu erzeugen. Wer schafft es zuerst oder am lautesten?

Schnecken-Knobeln

Welches Alter? Kinder und Jugendliche
Wie viele? Das Spiel wird zu zweit gespielt
Wie lange? Beliebig
Womit? Leere Schneckenhäuser

Die Kinder suchen sich insgesamt 16 Schneckenhäuschen. Dann werden vier Reihen mit jeweils vier Häuschen gelegt. Abwechselnd darf nun jeder Mitspieler ein bis vier Schneckenhäuschen in einer waagrechten oder senkrechten Reihe wegnehmen. Wer das letzte Häuschen wegnimmt, hat diese Runde verloren.

Mauergeistern auf der Spur

Welches Alter? Vorschulkinder,
Kinder und Jugendliche
Wie viele? Bis 30
Wie lange? Beliebig
Womit? Kein Material nötig

Trockenmauern sind ein idealer Fundort für „Mauergeister"! Wir setzen oder legen uns an einen gemütlichen Platz und betrachten die vielen Steinformen mit ihren unterschiedlichen Kanten und Rundungen. Wo können wir die oft unscheinbaren Gesichter und Körper der Mauergeister finden? Wer entdeckt noch weitere Fantasiebilder?

Blüten-Pantomime

Welches Alter? Vorschulkinder, Kinder und Jugendliche
Wie viele? Bis 30
Wie lange? 30 Minuten
Womit? Kein Material nötig

Weinberghänge können bis zu 300 verschiedene Pflanzenarten beherbergen – darunter Heil- und Gewürzpflanzen wie Fenchel, Bohnenkraut und Wermut. Aber auch typische Wildkräuter, wie zum Beispiel Acker-Winde, Hirtentäschel oder Vogelmiere haben hier ihre Heimat gefunden.

Die Kinder und Jugendlichen werden aufgefordert, im Weinberg nach verschiedenen Blütenformen Ausschau zu halten und diese zu zeichnen. Nach etwa 20 Minuten werden alle Zeichnungen ausgelegt und miteinander verglichen. Die Mitspieler werden erkennen, dass zum Beispiel die trichterförmigen Blütenkronen der Acker-Winden anders aufgebaut sind als die Lippenblüten der Taubnessel, die Blütentraube der Traubenhyazinthe oder die Doldenblüten des Hirtentäschels.

Drei oder vier verschiedene Blütenformen sollen nun in Kleingruppen nachgebaut werden, indem jeder Mitspieler einen Teil der Blüte darstellt. Nachdem eine Kleingruppe ihre Blüte

Wie gemacht für eine Blütenpantomime: die sternförmige Hauswurz.

pantomimisch dargestellt hat, muss die restliche Gruppe erraten, um welche Blütenpflanze es sich handelt.

■ Für Spürnasen

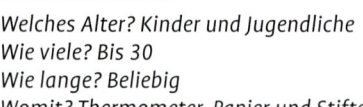

Heißer Weinberg

Welches Alter? Kinder und Jugendliche
Wie viele? Bis 30
Wie lange? Beliebig
Womit? Thermometer, Papier und Stifte

An heißen Sommertagen kann die Temperatur an der Oberfläche von Mauersteinen bis zu 70 °C betragen. Findet der Rundgang durch den Weinberg bei Sonnenschein statt, lassen sich die Temperaturen an den Mauern und zwischen den Reben mit dem Thermometer messen. Wo können die höchsten Temperaturen, wo die niedrigsten gemessen werden?

Netzwerk Weinberg entdecken

Welches Alter? Kinder und Jugendliche
Wie viele? Bis 30
Wie lange? 20 Minuten
Womit? Keine, eventuell Papier und Stifte (Aquarellfarben)

Weinberge sind von Menschenhand geschaffen, und so entspricht den Rebstockflächen kein anderer Lebensraum in der Natur. Unter und zwischen den Reben entwickelt sich aber Wildkrautbewuchs, der in seiner Artenvielfalt der Flora von Schutt- und Ruderalflächen ähnelt. Auch die naturnahen Bereiche im Weinberg, die Trockenmauern, Steintreppen und Feldraine ähneln den ech-

ten Trockenrasen. Krautsäume und Graswege durch die Weinbergflächen verbinden diese von Trockenheit geprägten Kleinbiotope. Nach außen hin verzahnen sich die Weinberge oft mit Obstwiesen und trockenen Waldrändern und bieten so ideale Lebensbedingungen für eine artenreiche Tier- und Pflanzenwelt.

Das „Netzwerk" Weinberg zu entdecken ist Ziel dieser Aufgabe. In Kleingruppen untersuchen und entdecken die Mitspieler die einzelnen Elemente eines Weinberges. Weiterhin soll bei diesem Spiel aber auch die Vernetzung der einzelnen Kleinbiotope erkannt und – am besten mit Aquarellfarben – zu Papier gebracht werden.

Gewusst wie?!

Welches Alter? Kinder und Jugendliche
Wie viele? Bis 30
Wie lange? 30 Minuten
Womit? Bestimmungsliteratur, Papier, Stifte

Fugen-, ritzen- und spaltenreiche Mauern bieten einer Vielzahl von Pflanzen, die aus typischen Felsstandorten eingewandert sind, einen idealen Lebensraum. So zum Beispiel dem Braunen Streifenfarn (*Asplenium trichomanes*), der Mauer-Raute (*Asplenium ruta-muraria*), dem Frühlings-Fingerkraut (*Potentilla tabernaemontani*), dem Scharfen Mauerpfeffer (*Sedum acre*) und dem Weißen Mauerpfeffer (*Sedum album*), dem Natternkopf (*Echium vulgare*) und dem Milzfarn (*Ceterach officinarum*), um nur einige zu nennen.

Aufgrund der hohen Temperaturen, die an den Mauersteinen entstehen kön-

nen, schützen sich diese Pflanzen durch ganz bestimmte „Überlebensstrategien". So rollt beispielsweise der Braune Streifenfarn bei großer Hitze seine Blättchen eng zusammen, der Mauerpfeffer verkleinert seine Blattoberfläche durch Zusammenziehen und verringert die Verdunstung durch die dicke Wachsschicht auf den Blättern. Das Frühlings-Fingerkraut bildet einen rosettenartigen Polsterbewuchs, der den Wurzelansatz vor zu großer Sonneneinstrahlung schützt.

Andere Pflanzen – hier besonders die Gewürzkräuter wie Wilder Thymian, Quendel und Rosmarin, die wir auch aus der Küche kennen – weisen verholzte untere Stängelteile auf, die vor Verbrennung schützen; so auch der Natternkopf, ebenfalls eine alte Heilpflanze. Der Milzfarn dreht bei starker Sonneneinstrahlung seine behaarten Blattunterseiten der Sonne zu und senkt so die Verdunstungsrate.

Die Kinder suchen an einem sonnigen Tag im Weinberg oder an Trockenmauern nach diesen „Trockenheits-Spezialisten" und erstellen eine Liste der Überlebensstrategien.

Zauneidechse & Co.

Welches Alter? Kinder und Jugendliche
Wie viele? Bis 30
Wie lange? 30 Minuten
Womit? Eventuell Lupen, Bestimmungsliteratur

Die Trockenmauern der Weinberge zeigen nicht nur eine interessante Pflanzenwelt, sondern auch die hier vorkommenden Tiere verweisen auf die Bedeutung der Trockenmauern als wichtiges

Kleinbiotop. Zauneidechsen, Mauereidechsen, in manchen Gegenden von
Deutschland auch die Smaragdeidechsen, Blindschleichen, Schlingnattern
und Ringelnattern sind nur einige
wenige der zahlreichen Vertreter aus der
Tierwelt, die sich in und an den Trockenmauern wohlfühlen. Hinzu kommen
auch andere Kleinlebewesen wie zum
Beispiel der Mauerfuchs und andere
Schmetterlinge sowie zahlreiche Spin-
nen- und Schneckenarten.

Die Kinder werden an einem sonnigen
Tag aufgefordert, sich einen gemütlichen Platz im Weinberg zu suchen und
sich möglichst ganz ruhig zu verhalten.
Welche Tiere sind zu beobachten? Gegebenenfalls können kleinere Insekten
auch mit der Lupe betrachtet werden.
Mit Hilfe von guten Bestimmungsbüchern lassen sich diese „Trockenbiotop-
Spezialisten" bestimmen.

*Selten und prachtvoll: Wer eine Smaragd-
eidechse sieht, hat Glück!*

■ Für Bastler

Trockenmauer selber bauen

*Welches Alter? Kinder und Jugendliche
Wie viele? Bis 30
Wie lange? Mehrere Stunden
Womit? Bosierhammer, Fäustel, Meißel,
Wasserwaage, Schnüre, Senkeisen, Schub-
karren; Arbeitshandschuhe, Arbeitsklei-
dung*

In ausgeräumten Weinbergflächen können Naturschützer aktiv werden und
zusammengebrochene und schadhafte
Trockenmauern wieder aufzubauen.
Aber auch in jedem Garten lässt sich
durch den Bau einer Trockenmauer ein
wertvolles Kleinbiotop schaffen.

Zum Bau einer Trockenmauer benötigt man Bosierhammer, Fäustel, Meißel,
Wasserwaage, Schnüre, Senkeisen, einen
Schubkarren, Arbeitshandschuhe und
Arbeitskleidung. Als Material dienen
ortstypische Natursteine, die aus Stein-
brüchen oder beim Abbruch alter Häuser
günstig erhältlich sind.

Die Basis der Trockenmauer ist das
Erdfundament. Zunächst wird der
poröse Humusboden etwa 50 bis 60 cm
tief ab- und ausgehoben. In die entstandene Vertiefung setzt man die
erste Schicht aus großen Steinen. Da
Trockenmauern vor allem durch das
Gewicht ihrer Steine halten, ist es wichtig, große Steine nach unten und die
leichteren Steine obendrauf zu setzen.
Damit die Mauer nicht kippt, werden
die Steine gegen den Hang und in
einem Winkel von etwa 10 bis 12°
geneigt. So hält die Trockenmauer dem
Hangdruck stand.

Bei der Schichtarbeit kommt es im
Wesentlichen darauf an, die passenden
Steine zusammenzufügen. Bei Natur-
steinen ist das oft nicht ganz einfach.

Trockenmauer

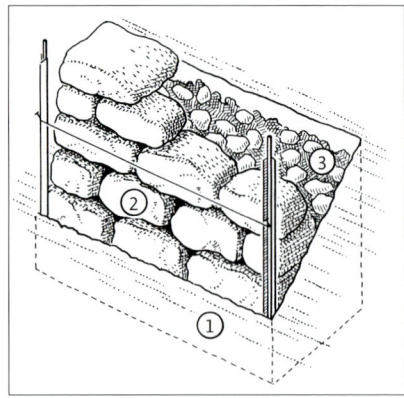

Jede ältere Trockenmauer wird durch ihren individuellen Bewuchs einzigartig.

Hier hilft eine waagrecht gespannte Schnur, zumindest Steine der gleichen Höhe aufzuschichten. Sofern die Steine trotz längeren Auswählens nicht passen, muss mit dem Hammer nachgeholfen werden. Dabei genügt es aber, wenn die Steine nach vorne hin einheitlich abschließen.

Damit die Mauer hält, müssen die Steine immer im Verbund gelegt werden, das heißt die Stoßfugen der unteren Schichten werden durch einen überbrückenden Stein gedeckt. Kleinere Fugen sind dabei natürlich erwünscht, denn sie dienen als Lebensraum für eine Vielzahl von Tieren. Ein Teil der Fugen bleibt deshalb offen; die restlichen Fugen werden mit einem Sand-Lehm-

Bau einer Trockenmauer. 1) Aushub des porösen Humusbodens; 2) Schichtung der Mauersteine im Verbund; 3) Hinterfüttern des Hohlraums mit einem Stein-Erde-Gemisch.

Gemisch ausgefüllt (nicht mit nährstoffreicher Gartenerde!), damit sich die wärmeliebenden Pflanzenarten leichter ansiedeln können.

Parallel zur Schichtung kann auch die Hinterfütterung des Hohlraums zum gewachsenen Boden erfolgen. Hierzu werden kleinere Steine verwendet, welche eine Entwässerung und über Pflanzenbewuchs und Verwurzelung auch eine zusätzliche Stabilität ermöglichen. Anschließend wird der Hohlraum mit lockerem Rohboden ausgefüllt. Wird die Mauerkrone nicht bepflanzt, so schließt man die Mauer mit großen, schweren Platten ab, die dann noch auf die Steine gelegt werden.

Trockenmauern gibt es in vielen Variationen. Neben der Hangbefestigung können mit Steinen auch kleine Sitzbänke, Einfassungen von Gärten oder Kräuterspiralen gebaut werden. Dabei

muss aber immer darauf geachtet werden, dass die Mauer fest in sich ruht. Bei freistehenden Sitzmauern ist es deshalb wichtig, dass der Mauerfuß breiter als die Krone ist und die Seiten schräg aufeinander zulaufen. Eine Seite der Sitzmauer kann auch mit Erde aufgeschüttet und bepflanzt werden.

Spar-Variante
Sind nicht genügend Steine vorhanden oder die Kinder noch zu klein, um eine Trockenmauer zu bauen, schichtet man einfach kleinere Steine zu einem Lesesteinhaufen an einer sonnigen Stelle im Garten oder an der südlichen Hausmauer auf. Auch hier werden sich schon bald wärmeliebende Tier- und Pflanzenarten ansiedeln, die dann das ganze Jahr über beobachtet werden können.

103

Hecke und Feldgehölz – Kinderstube und Versteck

Lebensadern, Lebensinseln

Die Larve des Marienkäfers krabbelt zufrieden über das Blatt der Wiesen-Margerite. Soeben hat sie eine große Kolonie von Blattläusen entdeckt, die an der Pflanze saugt. Pflanzenläuse sind ihre Leibspeise! Bis zu ihrer Verpuppung kann sie bis zu 3000 von ihnen fressen … So weit kommt es allerdings nicht. Eine Langfühlerschrecke, das Große Heupferd, hat sie entdeckt und freut sich über die fette Beute. Dieses Insekt ist ein guter Flieger, legt aber auf diese Weise nur kurze Strecken zurück. Jetzt nützt ihr das gar nichts: Zu lange saß sie träge in der Sonne und hat die Larve verdaut. Jetzt wird sie selbst zur Beute der Zauneidechse. Diese saß völlig regungslos auf dem Stein und lauerte auf ein unvorsichtiges Insekt. Aber auch die Zauneidechse kommt nicht weit: Sie hat das kurze „wäw"-Rufen des Neuntöters überhört. Dieser sucht für seine Jungen, die hungrig im Nest warten, nach Nahrung. Fangen die Neuntöter zu viele Beutetiere, dann spießen sie diese als Vorrat auf Dornen und Stacheldraht auf. Keine Frage – wir befinden uns mitten im wahren „Hecken-Leben"!

Feldhecken durchziehen – ähnlich wie Lebensadern – bandartig unsere Kulturlandschaft. Sie sind das Werk von Menschen, die sie dort ansiedeln, wo Flächen landwirtschaftlich nur schlecht zu bewirtschaften sind, so zum Beispiel an Böschungen, auf Steinriegeln, an Acker-oder Wiesenrändern oder auch an Gräben und Mauern.

Feldhecken bieten verschiedene Vorteile. So befestigen beispielsweise die Wurzeln der Kräuter, Sträucher und Gehölze steile Hänge und verhindern damit eine drohende Erosion. Auf steinigen und heißen Standorten schützt das Blätterdach der höher wachsenden Pflanzen die Pflanzen der Krautschicht vor einer zur starken Verdunstung. Darüber hinaus finden viele gefährdete Pflanzenarten, die nicht mit den landwirtschaftlichen Nutzpflanzen konkurrieren können, hier einen letzten Überlebensraum. Bis zu 1000 Pflanzen- und bis zu 7000 Tierarten hat man schon in Feldhecken nachgewiesen! So findet der Mäusebussard darin einen idealen Ansitzplatz, Feldhasen überwintern darin, Neuntöter und andere Vögel finden in den zum Teil sehr dornigen Sträuchern und Gehölzen sichere Verstecke für ihre Nester.

Hecken sind aber auch unbedingt eine optische Bereicherung! Sie erhöhen durch ihre Strukturvielfalt den Erholungswert von Landschaften und schaffen Nischen und Räume. In ihrem Umfeld wirken Hecken auf das Klima ausgleichend. So bieten sie Wind- und Erosionsschutz und tragen zu einer gleichmäßig hohen Luft- und Bodenfeuchtigkeit bei.

Feldgehölze bilden im Gegensatz zu Feldhecken einen eher flächig ausgeprägten, inselartigen Lebensraum in der

offenen Feldflur. Einige größere dieser Feldholzinseln stellen Reste ehemaliger Waldgebiete dar, andere entwickelten sich nach dem Brachfallen von Ackerflächen durch natürliche Sukzession. In neuerer Zeit werden Feldgehölze aber auch wieder vom Menschen bewusst angepflanzt, um von ihren positiven Wirkungen auf das ökologische Gleichgewicht zu profitieren.

Da Feldgehölze immer mit anderen Lebensräumen verbunden sind oder an diese angrenzen, findet sich in ihnen ein besonders großes Artenspektrum. In ihnen sind deshalb nicht nur Heckenarten vertreten, sondern auch typische Laubbaumarten. Der an Feldgehölze angrenzende Strauchbereich entspricht Hecken auf vergleichbaren Standorten.

Der Aufbau einer Feldgehölzinsel beginnt mit der Saumzone, die meist an eine landwirtschaftliche Nutzfläche grenzt. Der Saum legt sich wie ein Gürtel um die inneren Bereiche der Gehölzinsel. An den sonnenexponierten Seiten wachsen darin viele Wildkraut-

Neuntöter siedeln sich gerne dort an, wo Hecken dicht und dornig sind.

Arten mit geringen Ansprüchen, das heißt sie brauchen kaum Wasser und wenig Nährstoffe zum Leben. Wilde Möhre, Hauhechel, Vogel-Wicken und Kletten-Labkraut gehören dazu. In den Schattenlagen leben die etwas hungrigeren Pflanzen, die mehr Nährstoffe brauchen. Brennnessel, Weidenröschen, Mädesüß, Wiesen-Kerbel, Rainfarn und viele Beerensträucher bevorzugen diese Lagen. Ob anspruchslos oder nicht – die Vielfalt an krautigen Pflanzen in der Saumschicht lässt diese vor allem für Insekten, aber auch für andere Tiergruppen zu einer wichtigen Nahrungs-, Brut- und Aufwärmstätte werden.

An die Saumzone schließt sich die **Mantelzone** an, die das Innere, den Kern der Insel umgibt. Hier wachsen größere Sträucher, die ausgesprochen lichthungrig sind. Schlehen, Wildrosen, Pfaffenhütchen, Faulbaum, Hartriegel, Haselnuss, Kreuzdorn, Traubenkirsche und viele mehr buhlen hier um das begehrte Sonnenlicht. Die Mantelzone hat in ihrer Bedeutung als Lebensraum Ähnlichkeit mit der Hecke. Hier versteckt sich mit Vorliebe das Wild. Greifvögel finden darin einen idealen Spähplatz, Singvögel sichere Plätze für ihre Brut und Schmetterlinge und andere Insekten einen reichen Mittagstisch.

In der **Kernzone** der Insel wachsen schließlich einheimische und standortgerechte Laubbaumarten. Hainbuche, Birke, Aspe, Linde, Weiden- und Wildobst-Arten, Ulme, Speierling, Mehl- und Elsbeere – auf diese Bäume trifft man, schlägt man sich bis zum Inneren der Feldgehölzinsel durch.

Auch Kinder kommen schon frühzeitig in ihrer Umgebung mit Hecken in Kontakt. Diese „Gartenhecken" sind sicherlich nicht so artenreich oder groß-

Hier kann man den Aufbau einer Feldhecke in Saum-, Mantel- und Kernzone gut erkennen.

flächig angelegt wie die Feldhecken oder Feldgehölze. Doch wenn Hecken im Garten, in der Außenanlage von Kindergärten und Schulen naturnah, vielfältig und strukturreich angelegt sind, werden sie von den Kindern schon bald als beliebter Spielraum entdeckt, denn:

- *Hecken geben Geborgenheit!* Man kann sich in ihnen verstecken, kleine Hütten und Buden bauen – sich wohl fühlen und sich zurückziehen.
- *Hecken spenden Spielzeug!* Mit Hagebutten, Haselnüssen, Holunderbeeren lässt sich nicht nur wunderbar spielen und malen – mit ihnen lässt sich Natur auch aktiv begreifen.
- *Hecken verändern sich ständig!* Im Frühjahr zeigen sich Hecken in einem

anderen Kleid als im Herbst oder Winter. Deshalb spielen die Kinder im Frühjahr andere Spiele in den Hecken als in den anderen Jahreszeiten. Diese Veränderungen schaffen neue Reize. Neue Erfahrungen werden gemacht, neue Spiele gespielt und neue Dinge erforscht. Vielfältige Reize sind die Voraussetzung für ein aktives und dynamisches Lernen.

- *Hecken sind ideale Beobachtungsplätze!* Was gibt es nicht alles in Hecken zu entdecken: verlassene Schneckenhäuschen, Vogelnester, Federn, Mäuselöcher, Nüsse, die von Eichhörnchen, Kohlmeisen oder Spechten angefressen wurden und vieles mehr.

■ Für Entdecker

Hasenversteck

Welches Alter? Vorschulkinder und Kinder
Wie viele? Bis 30
Wie lange? 5 bis 15 Minuten
Womit? Kein Material nötig

Feldgehölze bieten besonders Feldhasen und Wildkaninchen Deckung und Schutz vor Feinden und somit die Möglichkeit, ihre Jungen geschützt aufzuziehen. Jedes Kind sucht sich einen Unterschlupf in der Hecke, setzt sich auf den Boden und späht dann – ähnlich einem Feldhasen – aus seinem Versteck. Natürlich können Hasen nicht sprechen und verhalten sich ganz ruhig! Nach etwa 5 bis 10 Minuten kommen die Kinder aus ihren Verstecken heraus und berichten, was sie in ihrem Versteck gesehen und erlebt haben. Wenn kleinere Kinder mit von der Partie sind, so muss man darauf achten, dass die Kinder miteinander in Sichtkontakt bleiben, damit sie sich nicht alleine fühlen oder Angst bekommen.

Hecken in der Tasche

Welches Alter? Vorschulkinder, Kinder und Jugendliche
Wie viele? 4 bis 20
Wie lange? 20 Minuten
Womit? Zwei Stofftaschen

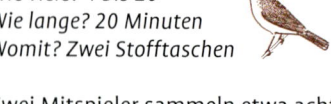

Zwei Mitspieler sammeln etwa acht verschiedene Naturmaterialien, wie zum Beispiel Blätter, Zweige, Federn, Schneckenhäuser und ähnliches. Jeder Naturgegenstand wird in eine der Baumwolltaschen gelegt. Die anderen Mitspieler erhalten nun die Aufgabe, nacheinander und mit geschlossenen Augen in die Taschen zu greifen, um die verschiedenen Materialien zu ertasten und sich diese einzuprägen.

Sobald alle Kinder und Jugendlichen die verschiedenen Materialien ertastet haben, werden sie aufgefordert, diese Naturmaterialien in der Umgebung zu suchen und je ein Exemplar mitzubringen.

Variante
Es werden zwei Gruppen gebildet. Die Gruppe, die am schnellsten alle Gegenstände aus den Baumwolltaschen in der Natur wiederfindet, hat gewonnen. Um Schummeleien zu vermeiden, sucht eine Mannschaft immer nach den Naturmaterialien, die die andere Mannschaft gesammelt hat. Achtung! Erst wenn alle Mitspieler alle Naturmaterialien ertastet haben, darf die Suchaktion gestartet werden.

Mit den Händen sehen

Welches Alter? Vorschulkinder, Kinder
Wie viele? Bis 30
Wie lange? 30 Minuten
Womit? Auf Wunsch Augenbinden

Wir ertasten Rinde und Blätter verschiedener Gehölze mit geschlossenen Augen. Dazu bilden wir Paare, wobei eine Person von der anderen „blind" an verschiedene Bäume und Sträucher geführt wird. Auf Wunsch können die Augen auch verbunden werden. Die „blinde" Person beschreibt, was sie mit ihren Händen erfühlt. Mit Hilfe des Spiels sollen Strukturen unterschiedlicher Rinden, die Festigkeit verschiedener Blätter und Knospen oder verschiedene Wuchsformen bewusst wahrgenommen werden: Nach etwa 10 bis 15 Minuten werden die bereits mit den Händen ertasteten Gehölze nochmals mit offenen Augen besucht. Danach werden die Rollen getauscht.

Lausche der Hecke!

Welches Alter? Kinder und Jugendliche
Wie viele? Bis 30
Wie lange? 20 Minuten
Womit? Je Mitspieler ein Bleistift, ein Blatt Papier und eine feste Unterlage (zum Beispiel Karton)

Die Kinder sollen eine Art Landkarte zeichnen, auf der keine Berge und Täler, sondern Geräusche in der Umgebung eingezeichnet werden. Dabei vermerkt man alle Geräusche, die in der Natur wahrgenommen werden können, auf einem Blatt Papier mit verschiedenen Symbolen. Jeder Mitspieler sucht sich, ausgerüstet mit Papier, Schreibunterlage und Bleistift, einen Platz in der Nähe einer Hecke oder eines Feldgehölzes. In die Mitte des Papiers schreibt jeder seinen Namen, denn dies ist der Platz, wo man gerade sitzt. Sobald man ein Geräusch wahrnimmt, wird dieses aus der Richtung und Entfernung, wo es herkommt, mit einem kurzen Symbol auf dem Blatt vermerkt. Für einen singenden Vogel verwendet man beispielsweise eine Musiknote, für die Geräusche eines nahegelegenen Baches oder Flusses eine Wellenlinie, für das Rauschen des Windes mehrere langgezogene Striche. Um sich besser auf die Geräusche zu konzentrieren, schließt man immer wieder die Augen. Nach etwa 10 bis 15 Minuten werden die verschiedenen Geräuschekarten miteinander verglichen.

■ Für Spürnasen

Bäumchen schüttle dich

Welches Alter? Vorschulkinder, Kinder und Jugendliche
Wie viele? Bis 15
Wie lange? 15 Minuten
Womit? Ein weißes Leintuch, weiche Pinsel, Lupen, eventuell Becherlupen, Insekten-Bestimmungsbücher

Die artenreichste Tiergruppe der Feldgehölze bilden die Insekten, wobei die Hautflügler wie Wildbienen oder Schlupfwespen, die Zweiflügler wie Fliegen und Mücken sowie die Laufkäfer besonders dominieren. Weniger auffällig sind Blattläuse, Zikaden oder Wanzen. Die Insekten erfüllen wichtige Funktionen in den Feldgehölzen – als Blütenbestäuber, als Nahrungsgrundlage für andere Tiere, als Parasiten wie beispielsweise die Schlupfwespen, oder als Aasfresser wie zum Beispiel viele Käfer.

Ein sportlicher Teilnehmer klettert auf einen Baum und schüttelt die Zweige über einem weißen Leintuch. Danach sehen sich alle gemeinsam die Kleinlebewesen an, die beim Schütteln vom Baum gefallen sind. Kleinere Insekten werden in eine Becherlupe befördert und darin betrachtet. Mit einer Zweiweg-Becherlupe können die Tiere gleichzeitig von oben und unten vergrößert betrachtet werden. Falls die Kinder und Jugendlichen Interesse daran haben, werden die

Insekten bestimmt, oder man sucht gemeinsam nach einem Fantasienamen für die einzelnen Kleinlebewesen.

Hecken-Memory

Welches Alter? Vorschulkinder, Kinder und Jugendliche
Wie viele? 4 bis 6 je Gruppe
Wie lange? 10 bis 20 Minuten
Womit? Ein helles Leintuch

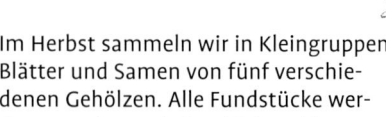

Im Herbst sammeln wir in Kleingruppen Blätter und Samen von fünf verschiedenen Gehölzen. Alle Fundstücke werden gemeinsam betrachtet und besprochen. Danach werden alle Pflanzenteile miteinander vermischt und auf einem großen hellen Leintuch ausgelegt. Die Kinder und Jugendlichen erhalten dann die Aufgabe, die Pflanzenteile der einzelnen Arten wieder einander zuzuordnen.

Strauch ärgere dich nicht

Welches Alter? Vorschulkinder, Kinder
Wie viele? 4 je Gruppe
Wie lange? 10 bis 20 Minuten
Womit? Helles Leintuch, ein großer selbstgebastelter Würfel aus Karton mit mindestens 10 × 10 cm Kantenlänge, etwas Klebstoff

Die Kinder werden aufgefordert, gemeinsam insgesamt je zwei Blätter von vier verschiedenen Sträuchern oder Gehöl-

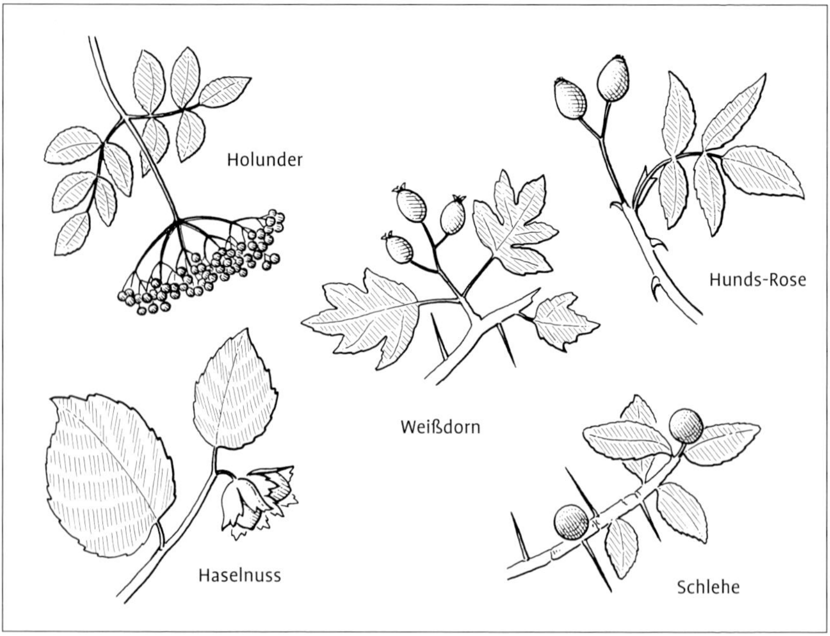

Holunder

Hunds-Rose

Weißdorn

Haselnuss

Schlehe

Typische Heckenfrüchte, aus denen man Leckeres kochen kann!

In der Hecke gibt es auch viele Verstecke für Tiere: Mit dem Fernglas kann man sie entdecken.

zen zu suchen. Außerdem sollen zu jedem Blatt je vier Rindenstücke des entsprechenden Strauches oder Gehölzes, vier Früchte oder vier Samen gesammelt werden. Auf vier der sechs Würfelseiten wird je ein unterschiedliches Blatt geklebt. Die beiden anderen Seiten des Würfels erhalten je ein Plus- und ein Minuszeichen. Die gesammelten Früchte, Rindenstücke, Blüten oder Samen kommen in den Pool auf das Leintuch.

Jeder Mitspieler wählt ein Blatt aus und legt es vor sich auf das helle Leintuch. Nun wird gewürfelt. Sobald das „eigene Blatt" gewürfelt wird, darf man sich das entsprechende Rindenstück, den dazugehörenden Samen, die dazu-

gehörende Frucht oder Blüte aus dem Pool holen. Wird ein „Plus-Zeichen" gewürfelt, müssen alle anderen ein bereits erwürfeltes Pflanzenteil zurückgeben, wird ein Minus gewürfelt, muss man selbst ein Pflanzenteil zurück in den Pool legen. Gewonnen hat, wer zuerst alle vier Pflanzenteile dem entsprechenden Blatt zugeordnet hat.

Verheckte Gemeinschaft

Welches Alter? Kinder und Jugendliche
Wie viele? Bis 30
Wie lange? 1 Stunde und länger
Womit? Bleistifte, Papier, Schere, Konservendosen oder Joghurtbecher, Klebstoff

Am Beispiel einer Nahrungspyramide zeigt man die Beziehungen zwischen Pflanzen und Tieren am deutlichsten.

Am Fuße der Pyramide stehen die Pflanzen und eine große Zahl von pflanzenfressenden Insekten. Die Pflanzenfresser sind wiederum Beutetiere von kleinen Tieren, wie zum Beispiel von Mäusen, Kröten, Eidechsen etc. Diese dienen größeren Jägern als Nahrung. An der Spitze der Pyramide stehen wenige große Räuber, wie beispielsweise die Waldohreule in den Hecken.

Die Haselmaus ernährt sich beispielsweise von Samen, Brombeeren und den Früchten der Haselnuss. Sie wird wie andere Mäuse oder Kleinvögel von der Waldohreule gejagt. An den Pflanzen der Krautschicht fressen aber auch Schnecken. Schnecken, Würmer, Spinnen und Insekten gehören zur Beute der Erdkröte. Noch junge Erdkröten stehen wiederum auf dem Speisezettel des Raubwürgers.

Tipp für Regentage
„Verheckte Gemeinschaft" ist ein Spiel, das sich auch für drinnen eignet. Verschiedene Tiere und Pflanzen einer Hecke werden einzeln auf etwa 10 × 10 cm große Kärtchen gezeichnet. Es können auch Bilder aus Zeitschriften ausgeschnitten und aufgeklebt werden. Nun kleben wir diese Bilder auf leere Konservendosen, Joghurtbecher o. Ä. auf. Gemeinsam wird aus den Dosen eine Nahrungspyramide aufgebaut. Wer frisst wen? Zum Schluss nehmen wir einzelne Dosen vorsichtig aus der Pyramide heraus, um auszuprobieren, was passiert, wenn ein oder mehrere Glieder der Nahrungskette fehlen.

■ Für Bastler

Heckenkunst

Welches Alter? Vorschulkinder, Kinder und Jugendliche
Wie viele? Bis 30
Wie lange? Beliebig
Womit? Zeichen- und Malmaterial nach Wunsch

Kunstunterricht unter freiem Himmel – Bleistift- und Kohlezeichnungen, Aquarell- und Ölbilder anfertigen – wer ist da nicht begeistert? Hecken und Feldgehölze bieten von Frühjahr bis Herbst und selbst in der Winterzeit attraktive und vielseitige Motive. Zeichnet man im Freien, zeigen sich im Bild aber auch gleichzeitig momentane Stimmungen in der Natur oder sogar Wetterlagen (Wind, Regentropfen), was das Gesamtwerk viel lebendiger erscheinen lässt. Und da jeder von uns Stimmungen subjektiv und damit auch unterschiedlich wahrnimmt, werden die einzelnen Werke der Kinder und Schüler auch sehr persönlich ausfallen – eher naturgetreu, verfremdet oder abstrakt.

Luftiges Mobile

Welches Alter? Vorschulkinder und Kinder
Wie viele? Bis 20
Wie lange? 30 Minuten
Womit? Taschenmesser, Rosenschere, Baumwolltaschen zum Sammeln, Nadel und Faden

Ein Mobile ist eine schöne Erinnerung an einen Nachmittag im Freien. Gleichzeitig bringt ein Mobile auch jahreszeitliche Stimmungen ins Haus. Bei einer Wande-

Wenn das kein ideales Motiv ist: blühende Heckenrose.

Hübsch am Baum, lecker im Brötchenteig: Weißdornbeeren.

rung sammeln wir deshalb Naturmaterialien wie Äste, Zweige, Blätter und Früchte, die uns besonders gut gefallen. Die Sammelstücke werden mit einem dünnen Faden an Zweigen aufgehängt und diese miteinander zu einem Mobile arrangiert.

Mobile für alle
Besonderen Reiz besitzen auch „Freiluftmobiles", an Ästen von Bäumen draußen im Garten oder in der freien Natur aufgehängt – oft auch zur Freude anderer Spaziergänger! Bei künftigen Wanderungen wird das Freiluftmobile immer wieder einmal besucht, Veränderungen werden festgestellt und neue Fundstücke daran befestigt.

■ **Hutzelbrötchen mit Weißdornbeeren**
Welches Alter? Vorschulkinder, Kinder und Jugendliche
Wie viele? Bis 20
Wie lange? 1 bis 2 Stunden
Womit? Siehe Rezept

Aus den Blüten und Früchten vieler heimischer Hecken und Feldgehölze können wir köstliche warme und kalte Speisen, verschiedenste Säfte und Limonaden zaubern. Wer kennt sie nicht, die leckeren Holunderküchle mit Zucker und Zimt, die Marmelade aus der Hagebutte oder die Weißdornbeeren in Hutzelbrötchen? Für Letztere wollen wir ein Rezept vorstellen:

Zutaten:
500 g Mehl
1 Esslöffel Backpulver
½ Teelöffel Salz
75 g klein geschnittene Butter
300 g Weißdornbeeren
200 ml Milch
200 ml Wasser

Das Mehl, Backpulver, Salz und die Butter werden zu einem krümeligen Teig verarbeitet. Danach gibt man die restlichen Zutaten zu und arbeitet diese rasch in den Teig ein. Aus dem Teig können etwa 20 kleine Brötchen geformt werden.

Diese setzt man auf ein gefettetes Back-
blech und backt sie eine halbe Stunde
bei 200 °C. Die leckeren Brötchen können heiß und kalt gegessen werden.

Die Farben der Natur

Welches Alter? Vorschulkinder,
Kinder und Jugendliche
Wie viele? Bis 30
Wie lange? 1 Stunde und länger
Womit? Blätter, Früchte, Rinde, große
Kochtöpfe (mindestens 10 Liter), eine
Schüssel zum Auswaschen der Wolle,
Alaun und Weinstein, Salz, Gummihand-
schuhe, Stöcke zum Rühren und naturbe-
lassene Wolle

Um satte, lichtechte Farben zu erhal-
ten, wird die Wolle üblicherweise mit
Alaun oder Weinstein vorgebeizt. Diese
Vorbeize bedeutet auf jeden Fall eine

Umweltbelastung. Wird auf sie verzichtet, wirken die Farben allerdings blasser
und waschen schneller aus. Da das Färben von Wolle oder Seide nicht ganz
mühelos ist und Kinder oft enttäuscht
sind, wenn sich nach der ganzen Arbeit
keine kräftigen Farbtöne zeigen, haben
wir die Vorbeize hier mit aufgenommen.

Wie wird mit Pflanzenfarbstoffen gefärbt?

Zuerst muss die Wolle gebeizt werden.
Hierzu lösen wir für 500 g Wolle 100 g
Alaun und 25 g Weinstein in kaltem
Wasser auf. Danach legen wir die Wolle
in die Lösung und kochen diese 1 Stunde
lang. Noch im warmen Zustand wird die
Wolle mit einem Stock herausgenom-
men, vorsichtig ausgedrückt und einige
Tage liegen gelassen. Jetzt kann das Fär-
ben beginnen.

Naturfarben selbst herstellen		
Pflanze	**Farbe**	**Menge/Hinweis**
Birkenblätter	hellgelb	1000 g Birkenblätter
Birkenrinde	tiefgold	500 g Birkenrinde 2 Stunden kochen. Der Beize 50 g Weinstein zufügen; Rinde kochen lassen, dann Wolle zufügen;
Holunderbeeren	violett bis lilafarben	500 g Holunderbeeren; Wolle in Alaun beizen; ein intensives Lila wird erreicht, wenn dem Alaun etwas Salz zugegeben wird;
Holunderblätter	grün	mit Alaun vorbeizen
Liguster	bläulich	750 g Ligusterbeeren; Vorsicht: Beeren sind giftig, mit Handschuhen arbeiten!
Grüne Walnuss-schalen	dunkelbraun	500 g grüne Walnussschalen
(Die Beispiele beziehen sich jeweils auf 500 g Wolle)		

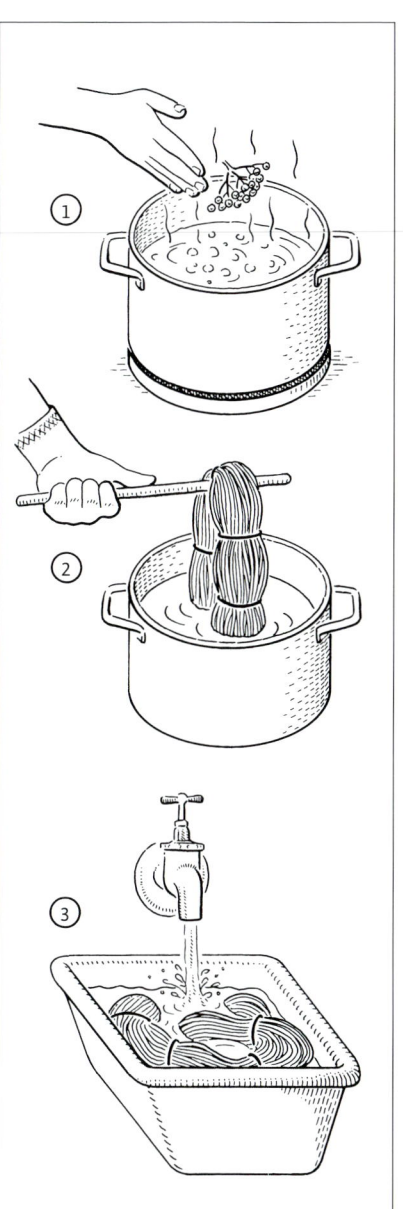

Das zerkleinerte Pflanzenmaterial wird 2 bis 3 Stunden in einem großen Kochtopf gekocht. Danach wird die Wolle mit Wasser angefeuchtet und in den kalten Pflanzensud hineingelegt. Achtung: Wolle und Sud sollten die gleiche Temperatur haben, damit die Wolle nicht verfilzt. Nun wird alles zusammen so lange gekocht, bis die Wolle die gewünschte Farbe hat. Die Flüssigkeit wieder abkühlen lassen und erst dann die Wolle herausnehmen und solange mit Wasser waschen, bis das Spülwasser klar bleibt.

Wichtig
Beim Färben am besten immer mit Gummihandschuhen arbeiten, da sonst die Hände unter der Beize leiden und ebenfalls Farbe annehmen!

Färben mit Pflanzenfarben:
1) Das Pflanzenmaterial wird 2 bis 3 Stunden lang in einem großen Kochtopf gekocht.
2) Die zuvor behandelte Wolle und der Pflanzensud werden so lange miteinander gekocht, bis sich die gewünschte Farbe zeigt. Ist die Flüssigkeit abgekühlt, wird die Wolle herausgenommen.
3) Anschließend wäscht man die Wolle in klarem Wasser aus.

Eine Hecke selber pflanzen

Welches Alter? Kinder und Jugendliche
Wie viele? Bis 30
Wie lange? Einen Tag und länger
Womit? Pflanzmaterial, Spaten, Hacke

Hecken sind nicht nur ein wertvolles Biotop für viele Tier- und Pflanzenarten, sondern sie dienen auch uns Menschen als Lärm- und Staubfilter, Sichtschutz und Rückzugsmöglichkeit. Gleichzeitig bieten sie das ganze Jahr über eine Vielzahl an Erlebnismöglichkeiten und begeistern durch ihre Formen- und Farbenvielfalt. Mit Hecken wird jeder Garten zum aufgeschlagenen Naturkundebuch, in dem mit Kindern und Jugendlichen das ganze Jahr über „geblättert" werden kann.

Hecken aus heimischen Gehölzen entwickeln sich besonders dicht, wenn man sie dreireihig pflanzt, wobei man die höher wachsenden Arten in die mittlere Reihe setzt. Die niedrig wachsenden Sträucher der Außenseiten können ziemlich dicht (80 bis 100 cm) neben der Hauptreihe stehen, da die höheren Arten später unten leicht verkahlen. Es besteht auch die Möglichkeit, die Außenreihen erst später zu pflanzen, wenn die Hauptreihe schon höher steht.

Die Auswahl an Pflanzmaterial ist groß, allein an Sträuchern stehen mehr als 100 Arten zur Verfügung. Jedoch sollte man sich bei der Anlage immer an der jeweiligen Umgebung orientieren. Hinweise auf eine standortgerechte Pflanzung können etwa vorhandene Gehölzgruppen, Feldhecken oder Wälder in der Umgebung geben. Typische Arten in vielen Hecken sind zum Beispiel Hunds-Rose (*Rosa canina*),

Schlehe (*Prunus spinosa*), Eingriffliger Weißdorn (*Crataegus monogyna*), Haselnuss *(Corylus avellana)*, Schwarzer Holunder *(Sambucus nigra)*, Trauben-Holunder *(Sambucus racemosa)*, Rote Heckenkirsche (*Lonicera xylosteum*) und viele mehr.

Zusätzlichen Lebensraum bieten schon vorhandene alte Bäume, die in die Neupflanzung einbezogen werden können. Hierfür eignen sich zum Beispiel Eiche (*Quercus robur* oder *Quercus petraea*), Vogelkirsche *(Prunus avium)*, Rot-Buche *(Fagus sylvatica)*, Vogelbeere *(Sorbus aucuparia)*, Weiden (*Salix caprea* oder *Salix viminalis)*, Linde (*Tilia cordata* oder *Tilia platyphyllos*), Ahorn (*Acer campestre* oder *Acer platanoides* oder *Acer pseudoplatanus)* und viele mehr. In längere, freiwachsende Hecken sollte zumindest alle 30 m ein Baum hineingepflanzt werden.

Entsprechend den unterschiedlichen Ansprüchen der Gehölze, ihrer Wuchshöhe und Durchsetzungskraft kommt es innerhalb der Hecke zu Differenzierungen. So siedeln die auf viel Licht angewiesenen, niedrigwüchsigen Sträucher bevorzugt an den sonnenseitigen Rändern, während höherwüchsige und schattenverträgliche Arten im dichteren Innern oder auf den Schattenseiten zu finden sind.

Wichtig ist es, auch die Wildstauden (beispielsweise Platterbsen-, Labkraut- sowie Storchschnabel-Arten) gedeihen zu lassen, die sich als Saum vor der Hecke einstellen. Sie sind wesentlicher Bestandteil dieses Lebensraumes. Häufig übertreffen sie an Formenreichtum und Blütenpracht alles, was auf den angrenzenden Wiesen und Rainen zu finden ist!

Nach einer Pflanzung und ersten Pflege bis zum Gehölzschluss sollte möglichst wenig eingegriffen werden, so dass auch Alt- und Totholz entstehen kann. Der Übergang zum Feldgehölz sollte als unregelmäßiger Saum aus Wildstauden gestaltet werden. Kleine Strukturen wie Steinhaufen, auf denen sich Eidechsen wohlfühlen, Gräben oder feuchte Mulden für Amphibien bereichern diesen Biotop zusätzlich.

Pflanztipps:

1. Gepflanzt wird in der Vegetationsruhe, das heißt von Anfang November bis Ende März, jedoch nie bei gefrorenem Boden. In der Regel empfiehlt sich auf leichten Böden eine Herbstpflanzung, auf schweren Böden eine Frühjahrspflanzung.
2. Der ideale Pflanzabstand zwischen den Pflanzen liegt bei 50 bis 80 cm. Werden größere Abstände gewählt, schließen sich die Hecken langsamer.
3. Gepflanzt wird drei- bis mehrreihig, wobei die einzelnen Exemplare versetzt zueinander stehen. Soll die Hecke langgestreckt verlaufen, wird sie quer zur Hauptwindrichtung ausgerichtet! Baum-, Strauch- und Krautschicht werden stufig angeordnet, die höher wachsenden Arten stehen in der Mitte der Hecke.
4. Bei der Pflanzung ist darauf zu achten, dass keine Pflanzen der gleichen Art nebeneinander gesetzt werden, damit der Raum möglichst optimal ausgefüllt wird und ein abwechslungsreiches Erscheinungsbild entsteht. Wichtig ist auch, dass der Hauptschatten, den die Hecke im ausgewachsenen Stadium werfen wird, nicht auf eine Nutzfläche, sondern zum Beispiel auf einen Weg fällt.
5. In freier Landschaft wird die Pflanzung in den ersten Jahren mit einem Zaun gegen Verbiss- und Trittschäden geschützt. Statt eines Zaunes kann auch dornenreiches Schnittgut rund um die Hecke herum aufgeschichtet werden.
6. In den folgenden Jahren werden größere Lücken durch Neuanpflanzungen geschlossen.

Streuobstwiese – es blüht, summt und piept

Früchtekorb und Wiesenwunder

Auch im Spätsommer gibt es auf einer Streuobstwiese noch viel zu entdecken. Im Geäst alter Bäume sitzt hie und da der Grauschnäpper ganz aufrecht und zuckt nur gelegentlich mit den Flügeln. Er lauert auf Insekten, die er von dort im kurzen Flug erhaschen und an die Jungen seiner zweiten Brut verfüttern will. Andere Vogelarten wie Stieglitz, Grünfink und Blaumeise haben ihre Jungen bereits großgezogen und ziehen nach dem Ende ihrer Brutsaison sorglos umher. Auch Schmetterlinge sind noch unterwegs. Auf der nochmals erblühten Flockenblume und auf Wildem Majoran suchen Admiral und Distelfalter nach Nektar. Doch bald wird sich dieses traute Bild ändern. Viele Apfelsorten gehen mit den letzten Sommertagen ihrer Reife entgegen. Dann herrscht auf der Streuobstwiese Hochbetrieb: Zusammen werden Mostäpfel gesammelt oder Tafeläpfel gepflückt.

Streuobstwiesen prägen seit langem unser Landschaftsbild. Früher wurde Streuobst – damit meint man robuste, lokal bewährte hochstämmige Obstarten wie Apfel, Birne, Kirsche, Zwetschge, Walnuss – aus verschiedenen Gründen von der ländlichen Bevölkerung angebaut: Zum einen natürlich zur eigenen Versorgung mit frischem Obst. Zum anderen bereicherte das zu Dörrobst, Most oder Branntwein verarbeitete Frischobst den damaligen schmalen Speisezettel und bescherte den Bauern ein einträgliches Zubrot. Das bei der Pflege der Bäume anfallende Schnittholz und das Holz gefällter Bäume fand als Brenn- und Baumaterial Verwendung. Auch heute noch gilt das Holz von Kirsche, Birne oder Nussbaum als wertvoller Rohstoff in der Möbelherstellung und im Musikinstrumentenbau.

Streuobstwiesen finden wir in unserer Landschaft hauptsächlich als großflächige Baumwiesen. Unter den Bäumen gedeihen prächtige Blumenwiesen oder man sieht Schafe, Ziegen oder Kühe friedlich weiden. Es müssen aber nicht immer große Wiesen sein – auch Obstbaum-Alleen und Vesperbäume oder Obstbaumgürtel um Dörfer beleben unsere Landschaft. In Württemberg wurden einst sogar auf herzogliche Anweisung Obstbäume entlang der Straßen angepflanzt. So konnten die Menschen, die auf dem Weg zum Marktplatz oder in andere Städte waren, an heißen Sonnentagen gut beschattet vorankommen, was bei der Geschwindigkeit der Ochsen- oder Pferdekarren das Reisen erleichterte.

Nicht nur für uns Menschen sind Streuobstwiesen von Nutzen. Durch das Zusammenspiel von Baum- und Wiesenelementen entwickelt sich in einer Streuobstwiese mit älterem Baumbestand ein ganz besonderer Artenreichtum. Die Blüten buntblumiger Wiesenkräuter und anderer Blütenpflanzen öffnen sich Pollen sammelnden und

Nektar saugenden Bienen, Hummeln, Fliegen und Schmetterlingen. Aber auch die Knospen und Blätter der Obstbäume bieten Nahrung und Lebensraum für unzählige Insekten.

Wo sich eine vielfältige Insektenwelt tummelt, da sind auch die Vögel nicht weit! Der Grünspecht zimmert seine Baumhöhlen, in die später oft Wendehals, Kleiber oder Gartenrotschwanz einziehen. In den Baumkronen bauen Singdrossel, Stieglitz und Rotkopfwürger ihre Nester. Viele der Vogelarten finden

Feine Früchtchen von der Streubobstwiese: Pflaumen und Mirabellen.

ihre Nahrung direkt am Baum oder auf den Blättern der Bäume. Am Stamm der Obstbäume stochert der Gartenbaumläufer in den Rissen der Borke nach Holzwespen und Holzkäfern. Die im Blattwerk lebenden Raupen oder Spinnentiere werden von der Kohlmeise bevorzugt. Vor allem die Raupen des Kleinen Frostspanners frisst sie mit Vorliebe! Andere Vögel wie der Gartenrotschwanz oder der Mäusebussard sitzen dagegen auf den Ästen der Bäume und halten Ausschau nach Beutetieren, die sie in der Luft oder vom Boden weg schnappen. Der Mittagstisch ist immer reich gedeckt – vorausgesetzt, die Wiese wird naturnah und damit auch artenreich bewirtschaftet.

Streuobstwiesen sind auch ein Lebensraum für zahlreiche, zum Teil bedrohte Säugetiere wie Fledermäuse, Gartenschläfer, Siebenschläfer und Haselmaus sowie andere häufige Arten wie Wiesel, Steinmarder, Hamster und Igel. So nehmen rund 60 % aller heimischen Fledermaus-Arten verlassene Spechthöhlen, Fäulnishöhlen und Nistkästen als Sommerquartiere in Beschlag. Vor allem der Große Abendsegler lebt den Sommer über in kleinen Gruppen in solchen Baumhöhlen. In der späten Dämmerung kann man ihn dann bei der Jagd auf Nachtfalter beobachten.

Nicht umsonst nennt man Streuobstwiesen die „Perlen der Kulturlandschaft". Sie sind reich an wohlschmeckendem Obst und bieten vielen gefährdeten Tier- und Pflanzenarten Nahrung und Unterschlupf. Die Mischung aus hochstämmigen Bäumen und verschiedenen Krautschichten verleiht ihnen eine reichhaltige Struktur. Bei einer Wanderung mit

Kindern und Jugendlichen gibt es unzählige kleine Wunder zu entdecken, zu erlauschen, zu schmecken, zu erriechen. Vielleicht kann ein Spaziergang durch eine Streuobstwiese auch den entscheidenden Impuls geben, im eigenen Garten einen oder zwei hohe Obstbäume zu pflanzen und so Lebensraum für bedrohte Tier- und Pflanzenarten zu schaffen.

Ein typischer und sympathischer Bewohner der Streuobstwiese ist der Igel.

Was Streuobstwiesen alles können
Artenschutz und Genreservoir: Streuobstwiesen bieten über 5000 Tieren und Pflanzen Lebensraum.
Erholungsraum für uns Menschen: Was geht über den Anblick einer blühenden Streuobstwiese?
Boden- und Wasserschutz: Das Wurzelsystem der Bäume und die geschlossene Grasdecke verhindern eine Erosion und vermindern die Auswaschung der Nährstoffe.
Klimaausgleich: Die Bäume produzieren Sauerstoff, wirken positiv auf das lokale Klima und gleichen die Luftfeuchtigkeit aus.

■ Für Entdecker

Wer bin ich?

Altersklasse: Vorschulkinder, Kinder und Jugendliche
Wie viele? Bis 30
Wie lange? Vorarbeit 1 Stunde, Spiel 20 Minuten
Womit? Buntstifte, Papier, Schere, Klebstoff, eventuell Zeitschriften mit Tierbildern, Kalenderbilder, eigene Tierfotos, Bestimmungsliteratur

Wir zeichnen Tiere, die auf Streuobstwiesen leben, oder suchen Bilder von ihnen aus Zeitschriften und Zeitungen heraus. Aus farbigem Karton schneiden wir Kärtchen von etwa 10 × 10 cm Größe. Auf jedes dieser Kärtchen kleben wir ein Tierbild. Danach werden alle Karten gemischt und jeder zieht sich eine Karte mit Tierbild. Diese befestigen wir mit einer Wäscheklammer auf dem Rücken einer anderen Person, ohne ihr zuvor das Bild zu zeigen. Haben alle ein Tierbild, geht das Spiel los: Durch Fragen muss jede Person herausfinden, welches Tier sie darstellt. Die Fragen dürfen nur mit „Ja" oder „Nein" beantwortet werden. Beispielsweise: *„Habe ich mehr als zwei Beine?"* oder *„Besitze ich Flügel?" „Lebe ich unter der Erde?"* Wird herausgefunden, welches Tier dargestellt ist, darf das Bild abgenommen werden. Mit diesem Spiel lassen sich Spielnachmittage lustig einleiten. Außerdem eignen sich die Karten für weitere Spiele, zum Beispiel für die Tierpantomime.

Charaktervogel Steinkauz: Wo er lebt, ist die Natur noch intakt.

Steinkauz-Auge sei wachsam!

*Altersklasse: Vorschulkinder,
Kinder und Jugendliche
Wie viele? Bis 30
Wie lange? 30 Minuten
Womit? 10 bis 15 natürliche und künstliche Gegenstände, zum Beispiel ein Blei-
stiftspitzer, ein Radiergummi,
ein Haushaltsgummi, Zahnstocher,
ein kleines Spielzeug, ein Schnürsenkel,
eine Kartoffel, ein Apfel, ein Blatt etc.*

Es werden zwei Gruppen gebildet. Jede Gruppe sucht sich einen Platz auf der Wiese, der von der anderen Gruppe nicht einsehbar ist. Dort verteilen die Mitspieler jeweils entlang eines mit einer etwa 20 m langen Schnur markierten Pfades 10 bis 15 natürliche und künstliche Gegenstände (beispielsweise ein Blei- stift, ein Schnürsenkel, eine Kartoffel, ein Kirschzweig unterm Apfelbaum etc.). Manche von ihnen sollen sich gut abhe- ben, andere dagegen gut einfügen. Nach dem Verstecken der Gegenstände besucht jede Gruppe das „Revier" der anderen Gruppe. Die Spieler gehen ein- zeln und in Abständen den Pfad entlang und versuchen, möglichst viele der orts- fremden Dinge zu entdecken, ohne sie aber wegzunehmen oder andere darauf hinzuweisen. Danach berichten sie über ihre Funde und gehen nochmals mitein- ander den Pfad ab, um sich gegenseitig die Details zu zeigen. Mit diesem Spiel lässt sich die Beobachtungsgabe schär- fen.

Baum-Welten

Altersklasse: Vorschulkinder, Kinder und Jugendliche
Wie viele? Bis 20
Wie lange? 20 Minuten
Womit? Eventuell Papierrohre, Lupe, Fernglas

Alle Mitspieler setzen oder legen sich bequem unter die Bäume und schließen die Augen. Schafft man es, bis 10 zu zählen, ohne Vogelgezwitscher zu hören? Nach einigen Minuten des Lauschens erfolgt ein Erfahrungsaustausch.

Neue Perspektiven
Da wir es uns schon unter den Bäumen bequem gemacht haben, schauen wir uns die Bäume nun aus verschiedenen Perspektiven an. Mit einem Papierfernrohr, einem Fernglas oder einer Lupe lassen sich dabei neue „Baum-Welten" entdecken.

Alle Mäuse fliegen hoch!

Welches Alter? Vorschulkinder, Kinder
Wie viele? Bis 30
Wie lange? Beliebig
Womit? Kein Material nötig

Eine abgewandelte Form des Spiels „Alle Vögel fliegen hoch": Die Mitspieler bilden einen Kreis und lassen die Arme baumeln. Der Spielleiter ruft: „Alle Mäuse fliegen hoch" und nennt dabei zuerst einige fliegende Tiere, die auf der Streuobstwiese leben (zum Beispiel „Alle Mäuse fliegen hoch – … Steinkäuze, … Bussarde, … Blaumeisen, … Neuntöter, … Singdrosseln, … Fledermäuse,

… Bienen, … Hummeln"). Dabei hebt er die Arme nach oben und die Mitspieler folgen seinem Beispiel. Das wiederholt sich so oft, bis der Spielleiter ein Tier nennt, das weder fliegen kann noch auf der Streuobstwiese lebt. Wer die Arme trotzdem hebt, muss ein Pfand abgeben, das er dann wieder einlösen muss. Der Spielleiter muss die Arme nicht nach unten nehmen, wenn ein falsches Tier genannt wird – das bringt Spannung ins Spiel!

Baumgeister erzählen Geschichten

Altersklasse: Vorschulkinder, Kinder
Wie viele? Bis 20
Wie lange? 30 Minuten
Womit? Kein Material nötig

Mythen und Märchen von Bäumen und Früchten stoßen nicht nur bei kleineren Kindern auf großes Interesse. Märchen lassen sich am besten im Freien unter einem Baum gemeinsam ausdenken.

Zusammen basteln wir an einer eigenen Geschichte, die von einem Baum handeln soll – vielleicht sogar von dem Baumexemplar, unter dem wir sitzen. Was erlebt ein Baum im Jahresablauf, wovor fürchtet er sich, und wer sind seine Freunde? Ein Erzähler beginnt mit der Geschichte, und diese wird dann von den anderen fortgeführt. Um die Fantasie noch mehr anzuregen, können wir auch die Rolle von „Baumgeistern" einnehmen, die sich gegenseitig aus ihrem Leben berichten.

Apfelrätsel

Altersklasse: Vorschulkinder, Kinder
Wie viele? Bis 20
Wie lange? 5 bis 10 Minuten
Womit? Kein Material nötig

Rätsel lösen und eigene Rätsel ausdenken fördert die Wahrnehmungsfähigkeit und die sprachliche Ausdrucksweise der Kinder.

Es sitzt ein Bübchen im Baume drinn',
hat rote Bäckchen und Grübchen im Kinn.
Da kommt der Wind und schaukelt's schneller.
Plumps, fällts herab, auf deinen Teller.
Was ist das?
(Ein Apfel)

Haben die Kinder die Lösung erraten, versuchen sie, eigene Rätsel zu formulieren.

Geheimblatt

Altersklasse: Vorschulkinder,
Kinder und Jugendliche
Wie viele? Bis 15
Wie lange? 20 Minuten
Womit? Verschiedene Blätter von Obstbäumen

Jeder Mitspieler sucht sich auf der Streuobstwiese ein Blatt eines Obstbaumes. Danach setzen sich alle in einen Kreis auf den Boden, schließen die Augen und betasten in aller Ruhe ihr Blatt. Nach etwa 2 Minuten öffnen die Mitspieler die Augen wieder und stellen ihr Blatt kurz in der Runde vor. Wie fühlt es sich an? Wie groß ist es etwa? Von welchem Baum stammt das Blatt? Der Spielleiter

sammelt nun alle Blätter in einem Stoffbeutel ein und mischt sie miteinander. Die Kinder und Jugendlichen schließen wieder die Augen und erhalten vom Spielleiter ein beliebiges Blatt in die Hand gelegt.

Jeder betastet nun das neue Blatt und versteckt es dann irgendwo, beispielsweise in der Jackentasche oder im Ärmel der Jacke. Dann öffnen alle die Augen und jeder stellt nun das Blatt vor, das er soeben vom Spielleiter erhalten und betastet hat. Glaubt der frühere „Besitzer" des Blattes, dass sein Blatt gerade vorgestellt wurde, so meldet er sich. Ziel ist, dass alle Mitspieler ihr eigenes Blatt wieder erhalten. Sind die Beschreibungen zu ungenau, kann von den Mitspielern auch nachgefragt werden.

■ Für Spürnasen

Pflanzen-Detektiv

Altersklasse: Vorschulkinder, Kinder,
Jugendliche
Wie viele? Bis 30
Wie lange? Vorarbeit 2 Stunden, Spiel
10 Minuten
Womit? Fotoapparat, Blätter verschiedener Pflanzenarten der Streuobstwiesen; es können Blätter von Bäumen, aber auch von typischen Wiesenblumen sein

Zuvor gesammelte Blätter der verschiedenen Bäume und Blütenpflanzen werden auf einem neutralen Untergrund einzeln fotografiert. Jedes entstandene und geglückte Foto wird auf ein kleines, festes Kärtchen geklebt, das anschließend mit Klarsichtfolie überzogen wird. Bei unserem nächsten Wiesenbesuch legen wir die Karten – etwa 10 Stück davon – auf die Wiese und decken sie mit einem Tuch ab. Für etwa 30 Sekunden (kleinere Kinder etwas länger) dürfen nun alle Mitspielerinnen und Mitspieler die Karten anschauen. Danach werden die Karten sofort wieder abgedeckt. Nun sollte jeder Mitspieler versuchen, innerhalb von 5 Minuten ein entsprechendes Blatt zu den jeweiligen Fotos in der Natur zu finden. Zur Erleichterung können auch kleine Gruppen von 2 bis 4 Personen gebildet werden, die dann gemeinsam die Aufgabe lösen.

Variante
Um das Spiel zu erweitern, fotografieren wir zu den jeweiligen Blättern die Rinde des Baumes oder die Blüte der Pflanze. Diese Fotos werden ebenfalls auf Kärtchen geklebt. In einer abgewandelten Form des bekannten Spiels „Memory" bilden nun die Fotos von Blatt und dazugehörender Rinde oder Blüte ein Paar.

Tagebuch eines Obstbaumes

Altersklasse: Vorschulkinder, Kinder
Wie viele? Bis 30
Wie lange? Beliebig
Womit? Je nach Bedarf

Ein Obstbaum wird ausgesucht, dessen Entwicklung vom Frühling bis in den Winter hinein beobachtet werden soll. Über die jahreszeitlichen Veränderungen wird ein Tagebuch geführt. Jedem bleibt es frei, seine Eintragungen bunt zu illustrieren oder mit Skizzen sowie gepressten Pflanzenteilen zu ergänzen. *„Wann springen die ersten Blütenknospen auf?"*

„Welche Tiere besuchen die Blüte?" Ungeduldig werden Kinder das Heranreifen der Früchte beobachten und die erste Ernte kaum erwarten können.

Es ist auch interessant, gleichzeitig die Entwicklung verschiedener Baumarten wie zum Beispiel Apfel, Kirsche und Zwetschge zu beobachten und zu dokumentieren. Unterschiede und Gemeinsamkeiten können so festgehalten, besprochen und erklärt werden.

Gerade für kleinere Kinder ist es einfacher, statt eines Buches eine Wandtafel zu gestalten – vielleicht in der Form eines Baumes oder der vier Jahreszeiten. Daran werden nun etwa alle 4 Wochen Zweige, gepresste Blüten und Blätter befestigt und mit Kinderzeichnungen von Tieren oder Erlebnissen auf der Streuobstwiese ergänzt.

Wer wohnt wo?

Altersklasse: Vorschulkinder, Kinder, Jugendliche
Wie viele? Bis 20
Wie lange? Vorarbeit 1 bis 2 Stunden, Spiel 10 bis 20 Minuten
Womit? Buntstifte, Finger- und Wasserfarben, Karton, Schere, Klebstoff, eventuell Zeitschriften mit Tierbildern, Bestimmungsbücher

Gemeinsam wird mit einer Gruppe von Kindern oder Jugendlichen bei einem Besuch einer Streuobstwiese erforscht, welche Tiere und Pflanzen wo auf der Streuobstwiese zuhause sind.

Anschließend lässt man die Kinder in Kleingruppen Ausschnitte aus einer Obstwiese gemeinsam auf einen oder mehrere große Kartons zeichnen oder kleben (100 cm $\times$ 200 cm). Möglich ist auch eine Collage. Das Bodenleben sollte nicht vergessen werden, denn auch im Boden einer Streuobstwiese leben Tiere. Die einzelnen Kartons schneiden wir nun in größere Puzzleteile – etwa in der Größe einer Handfläche. Zuhause oder in der Schule versucht man gemeinsam, die einzelnen Baum-, Stamm-, Wiesen- oder Bodenpuzzle wieder zusammenzusetzen und diese zu einem Gesamt-Streuobstwiesen-Puzzle zusammenzulegen. Mit kleineren Kindern wird nur ein großes Puzzle, auf dem die gesamte Streuobstwiese abgebildet wird, gebastelt.

Apfel-Hitliste

Altersklasse: Vorschulkinder, Kinder, Jugendliche
Wie viele? Bis 30
Wie lange? 20 Minuten
Womit? Verschiedene Apfelsorten, Messer, Teller oder Schälchen, Papier und Stifte

Wir pflücken verschiedene Apfelsorten, schneiden die Äpfel in kleine Stücke und

Sehen immer gut aus, schmecken aber ganz unterschiedlich – es gibt hunderte Apfelsorten!

legen sie, getrennt nach Sorten, in Schälchen. Einen Apfel jeder Sorte lassen wir ganz. Sowohl das Schälchen als auch der Apfel erhalten eine Nummer. Dabei nummerieren wir die Schälchen auf der Unterseite. Die Äpfel werden auf kleine Zettelchen gelegt, auf denen die entsprechende Nummer zum Schälchen vermerkt ist.

Nun darf getestet werden. Welche Äpfel befinden sich in den jeweiligen Schalen? Schnell erkennen wir, dass nicht alle gut aussehenden Äpfel auch gut schmecken müssen – und umgekehrt. Zum Schluss der Apfelprobe erstellen wir eine „Apfel-Hitliste". Welcher Apfel hat allen am besten geschmeckt, und welcher hat gar keine Liebhaber gefunden?

■ Für Bastler

Walnusstrommel

Welches Alter? Vorschulkinder und Kinder
Wie viele? Bis 30
Wie lange? 15 Minuten
Womit? Je Mitspieler eine Walnusshälfte, ein kleines Stöckchen, Schere und Zwirn

Aus verschiedenen Gehölzen können einfache oder auch anspruchsvolle Musikinstrumente gebaut werden. Schnell und einfach gehen Klanghölzer und Walnusstrommeln.

Für eine Walnusstrommel brauchen wir nur eine unbeschädigte Walnusshälfte, ein kleines, etwa 8 cm langes Stöckchen und starken Zwirn (0,2 bis 0,6 mm stark). Nun wickeln wir den Zwirn zehnmal um die Walnusshälfte und verknoten ihn an der Unterseite.

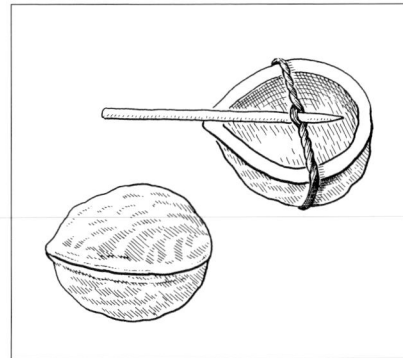

Instrument im Mini-Format: Die Walnuss-trommel.

Danach brechen wir von dem Stöckchen etwa einen Zentimeter ab und stecken dieses kurze Stück zwischen die Fäden auf der Hohlseite der Walnuss. Das längere Stöckchen wird angespitzt und auf die Seite gelegt. Das kleine Hölzchen wird, so oft es geht, gedreht, damit die Fäden gestrafft werden. Dieses Stöckchen wird nun durch das längere Hölzchen ersetzt. Dabei ist darauf zu achten, dass das längere Stöckchen nur an einem Ende der Walnuss aufliegt und am anderen Ende frei beweglich ist. Nun kann durch das Anheben und Loslassen des Stöckchens getrommelt werden.

Rubbelbilder

Altersklasse: Vorschulkinder, Kinder und Jugendliche
Wie viele? Bis 20
Wie lange? Bis 30 Minuten
Womit? Papier, Wachsmalkreide

Wird dünnes Papier über die Rinde eines Baumes gelegt, so lässt sich mit Wachs-malkreiden die Struktur leicht durch-pausen. Auch kleine Kinder können sich so die verschiedenen Rindenarten malend „erarbeiten". Mit der gleichen Methode können auch andere Pflanzenteile auf das Papier gerubbelt werden. So entsteht auf einfache Weise schönes Briefpapier oder Postkarten.

Nistkästen selbst gebaut

Altersklasse: Kinder und Jugendliche
Wie viele? Bis 30
Wie lange? 5 Stunden
Womit? Je nach Bedarf

Im Werkunterricht können Nistkästen für Vögel, zum Beispiel Steinkauzröhren, Nisthöhlen für Kleinsäuger oder Fledermausnistkästen gebaut werden. Detaillierte Anleitungen für den Bau von Nistkästen können beispielsweise bei den jeweiligen Kreisgruppen der verschiedenen Naturschutzverbände angefordert werden. Hier finden sich oft auch ehrenamtliche Helfer, die gerne vorbeikommen und fachkundige Beratung und Unterstützung beim Bau geben.

Spinnen und ihre Netze

Altersklasse: Vorschulkinder, Kinder, Jugendliche
Wie viele? Bis 30
Wie lange? Beliebig
Womit? Bestimmungsliteratur, Papier, Stifte

Auf einer Streuobstwiese können bis zu 1000 verschiedene Spinnenarten leben. Sie alle bauen wunderschöne Netze, die sich vor allem in der Zeit des Altweibersommers hervorragend beobachten las-

Das Netz der Wespen- oder Zebraspinne mit ihrem zickzackförmigen Stabiliment ist etwas Besonderes.

Diese Spinnennetze oder Spinnfäden stehen uns nun Modell, um gemalt, gezeichnet, fotografiert oder nachgebaut zu werden.

> **Mit Musik geht's besser**
> Zeichnen und Malen lässt es sich besonders gut mit musikalischer Begleitung, beispielsweise mit einer Tarantella, dem so genannten Spinnentanz. Themen der Tarantella finden sich auch noch heute in einigen Volks- oder „Trinkliedern". In Gegenden mit alemannischer Fastnacht singt man – ohne es wahrscheinlich zu wissen – auf die Melodie der bekanntesten Tarantella von Rossini den Text : „Marie, da liegt ein toter Fisch im Wasser ...". Wenn das die Spinnen wüssten!

sen. Die Herstellung jener Substanz, die außerhalb des Körpers zur so genannten Spinnseide erstarrt, ist die herausragendste Fähigkeit der Spinnen. Die Spinndrüsen stellen dabei unterschiedlichste Fäden her, zum Beispiel Wegfäden, Fäden, um zu fliegen, Brücken zu schlagen oder die Beute zu fesseln. Gerade in der Zeit des Altweibersommers klettern junge Spinnen zur Besiedlung neuer Lebensräume auf erhöhte Punkte, recken ihren Hinterkörper in die Luft und lassen ihre langen Wegfäden austreten, bis der Wind sie fortträgt.

Ein Zuhause für Ohrwürmer

Altersklasse: Vorschulkinder, Kinder
Wie viele? Bis 30
Wie lange? 1 Stunde
Womit? Holzwolle, alte Blumentöpfe, Schnur, Messer

Obstbäume dienen als Unterschlupf für viele Tiere, die im Naturhaushalt oft eine wichtige Rolle einnehmen. Dazu gehören auch die Ohrwürmer, denn sie sind die natürlichen Feinde der Blattläuse. Sie verkriechen sich tagsüber gerne in dunklen, feuchten und warmen Quartieren; nachts werden sie aktiv und machen Jagd auf Blattläuse. Um Ohrwürmer anzusiedeln, füllen die Kinder saubere Blumentöpfe aus Ton mit Holzwolle und hängen diese umgekehrt an langen Schnüren in die Bäume. Wichtig: der

Topf muss den Stamm oder Ast direkt berühren, damit die Insekten auch hineingelangen können!

Erntezeit

Altersklasse: Vorschulkinder, Kinder und Jugendliche
Wie viele? Bis 30
Wie lange? Ein bis mehrere Tage
Womit? Je nach Bedarf

Eine gemeinsame Pflückaktion wird die Kinder und Jugendlichen ebenso begeistern wie das gemeinsame Verzehren der rohen oder verarbeiteten Früchte. Schon mit kleineren Kindern kann man gemeinsam einen Apfelkuchen backen oder Marmelade kochen. Auch ein Besuch bei einem Landwirt, der seinen Most noch selbst herstellt, ist für alle lohnend. Eine Umwelt-AG kann hier – nach vorheriger Absprache mit dem Bauern – die Äpfel aus dem Schulgarten selbst pressen und den gewonnenen Apfelsaft wieder mitnehmen und auf einem Herbstfest verkaufen. Aber auch jede Mosterei verarbeitet Äpfel zu Most oder Saft. Meist erhält man zwar nicht den Saft aus den eigenen Äpfeln, dafür aber Gutscheine, um über das Jahr – entsprechend der Anlieferungsmenge – Apfelsaft aus der Mosterei zu beziehen.

■ Apfelküchlein backen

Welches Alter? Vorschulkinder, Kinder und Jugendliche
Wie viele? Bis 10
Wie lange? 1 Stunde
Womit? Siehe Rezept

Zutaten:
5 große, mürbe Äpfel
60 g Zucker
120 g Mehl
1 Prise Salz
1 Teelöffel Öl
40 g Zucker
$\frac{1}{8}$ l Bier
4 Eiweiß
Fett zum Ausbacken

Die Äpfel werden geschält und das Kernhaus mit einem Ausstecher entfernt. Dann schneidet man die Äpfel in 1 cm dicke Scheiben. Aus Mehl, Salz, Zucker, Öl und Bier bereitet man einen dickflüssigen Teig und hebt das steif geschlagene Eiweiß vorsichtig darunter. Dann taucht man die Apfelscheiben in den Teig und backt sie anschließend im heißen Fett (Fritteuse oder Pfanne) aus. Vorsicht mit kleineren Kindern: Das heiße Fett kann spritzen! Danach legt man die Apfelküchlein zum Abtropfen auf Küchenpapier und bestreut sie bei Bedarf mit Zucker.

Obstbäume selber pflanzen

Welches Alter? Vorschulkinder, Kinder und Jugendliche
Wie viele? Bis 30
Wie lange? Mehrere Stunden
Womit? Pflanzgut, Schaufel, Spaten, Baumschere, Pfahl, Maschendraht, Wasser zum Angießen

Mit selbst gepflanzten Obstbäumen schafft man für den Gartenrotschwanz ein neues Zuhause.

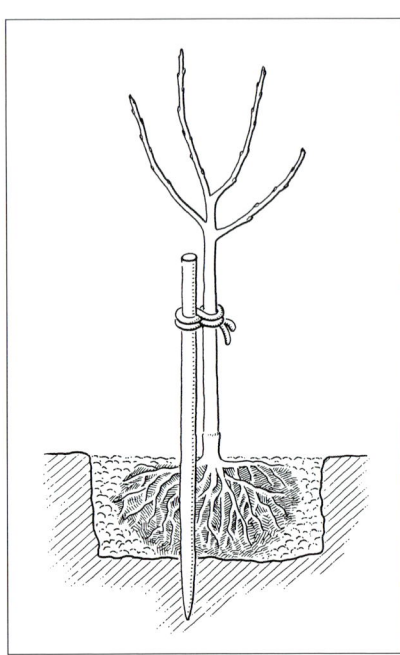

Ein Stützpfahl schützt den Baum vor Windwurf. Er muss tief eingegraben werden.

Sollen im Schulgarten, im Gelände des Kindergartens oder im Hausgarten junge Obstbäume gepflanzt werden, muss beim Kauf des Pflanzguts auf lokal bewährte, robuste und alte Hochstammsorten geachtet werden. Da Hochstämme drei Jahre benötigen, bis sie verkauft werden und nicht immer alle Sorten erhältlich sind, sollten Sie frühzeitig mit ihrer Baumschule Kontakt aufnehmen. Bei der Wahl der Obstart und Obstsorte muss auf die Standortmerkmale geachtet werden. Nasse und spätfrostgefährdete Lagen sind für Obstbäume weniger geeignet.

Pflanztermin:
Der optimale Termin ist der Herbst; bei großem Befallsdruck durch Wühl- oder Feldmäuse kann auch im Frühjahr gepflanzt werden.

Obstbäume richtig pflanzen
1. Ausheben der Pflanzgrube: Die Pflanzgrube sollte die Maße 0,8 × 0,8 m bei 0,5 m Tiefe nicht wesentlich unterschreiten. Vorhandene Erde mit Komposterde vermischen. Nicht in die Pflanzgrube treten, um Verdichtungen zu vermeiden.

2. **Verbissschutz:** Um den Baum vor Mäusen und Hasen zu schützen, kann man den Wurzelballen in ein feinmaschiges Drahtgeflecht eingeschlagen und den Stamm bis in eine Höhe von etwa 50 bis 100 cm mit einer Drahthose versehen.

3. **Baumstütze:** Während der ersten fünf Jahre braucht der junge Hochstamm einen Stützpfahl, an dem er unterhalb des Kronenansatzes angebunden ist. Der Pfahl wird vor der Pflanzung zur Hauptwindrichtung hin 50 cm tief in den Boden geschlagen und darf nicht in den Kronenraum ragen.

4. **Wurzelschnitt:** Kranke und beschädigte Wurzelteile müssen entfernt werden. Bei wurzelnackten Bäumen müssen sonstige Wurzeln um ein Drittel eingekürzt werden.

5. **Baum pflanzen:** Einen Teil der feinen Erde (Erde-Komposterde-Gemisch) an die Wurzeln in den Drahtkorb bringen. Baum vertikal leicht rütteln, um Bodenschluss mit dem Wurzelwerk zu gewährleisten. Drahtkorb oben im Stammbereich zusammenfügen. Restliche lockere Erde und sonstigen Boden in die Pflanzgrube einbringen und verdichten. **Achtung:** Die Veredelungsstelle muss 10 cm aus dem Boden herausschauen.

6. **Schutz vor Wildverbiss:** Man kann den Baum durch einen Dreibock mit Querverstrebungen oder Drahtgeflecht schützen.

7. **Pflanzschnitt:** Beim Pflanzschnitt werden der Mitteltrieb und die drei bis vier um den Stamm gruppierten Leitäste um die Hälfte bis $2/_3$ auf ein Auge nach außen angeschnitten. Mitteltrieb und Leitäste ergeben so ein Dach von etwa 120°. Die Leitäste nehmen nun einen Winkel von 45 bis 50° zur Stammverlängerung ein. Wenn nicht, wird der Winkel durch Abspreizen, Herauf- oder Herabbinden gefördert.

8. **Angießen:** Nach jedem Pflanzen muss angegossen werden, damit die Wurzeln Bodenschluss erhalten!

Wald – Baumläufer trifft Spring-schwanz

Geheimnisvolle Welt der Märchen

Es ist tiefe Nacht und so still, dass man meinen könnte, die Welt wäre stehen geblieben. Wie mächtige Burgen ragen die schwarzen Baum-Silhouetten gegen den Nachthimmel. Die Kinder schleichen sich vorsichtig und eng an den Förster gedrückt durch die Nacht. Lediglich eine Taschenlampe haben sie dabei, und die löscht Heidis Vater auch noch dauernd. Dann ist es stockdunkel! Aber ansonsten könnten sie ja auch nicht erleben, wie es ist – nachts, allein im Wald. Ganz in der Nähe ruft ein Waldkauz sein schauriges „huuu-huhuhu-huu“. Die Kinder zucken zusammen und ziehen unwillkürlich die Köpfe ein. Hat man ihnen doch gerade vorher erzählt, dass noch heute viele Menschen glauben, der Waldkauz rufe nur dann, wenn ein Mensch gestorben sei. Vielleicht haben die ja doch recht … und die Seele irrt jetzt vielleicht verlassen durch den Wald. Es ist so gruselig! Da kommt etwas Unbeschreibliches auch schon zwischen den Bäumen direkt auf sie zugeflogen. Heidi schreit laut auf, doch ihr Vater lacht nur und knipst die Taschenlampe wieder an. Im Lichtstrahl sehen die Kinder noch verschwommen, was es war – keine verirrte Seele, sondern der Waldkauz. Er ist ein geschickter Flieger, der selbst bei schwachem Sternenlicht noch sicher zwischen den Bäumen fliegen kann. Wie alle Eulen lokalisiert er seine Beute aber allein mit dem Gehörsinn. Bis zu 100 m Entfernung kann er Waldmäuse, Kröten, Frösche

oder Spitzmäuse genau orten. Manchmal schreckt er auch Kleinvögel an deren Schlafplätze auf, um sie dann im Flug zu erbeuten. Dieses Mal hat er zwar die Kinder aufgeschreckt, doch die schleichen nun todesmutig weiter. Noch einmal davongekommen …

Räuber, Hexen, Zwerge, Feen, Trolle – der Wald ist dicht bevölkert, so jedenfalls im Märchen. Und deshalb ist für Kinder auch nichts so aufregend und schaurig, so spannend und schön zugleich wie einmal im wirklichen Leben nachts durch den Wald zu wandern. Überall knistert es, schleicht es um einen herum und lugt es zwischen den Bäumen hervor.

Und der Wald ist tatsächlich dicht bevölkert – auch im realen Leben! Wälder gehören zu den produktivsten Ökosystemen und beherbergen mehr Tier- und Pflanzenarten als alle anderen Land-Ökosyteme zusammen. Tiere und Pflanzen konkurrieren ständig miteinander – um das vorhandene Licht, um Wasser und um Nährstoffe. Der Kampf ums Überleben ist hart; im Wald hat er zu dem typischen Stockwerkbau geführt. So unterscheidet man Kronenschicht, Stammraum (Baumstamm), Strauchschicht, Krautschicht, Moosschicht und die Bodenschicht mit dem Wurzelraum. Jede Schicht dient ganz bestimmten Pflanzen und Tieren als Lebensraum.

Von größter Bedeutung ist die **Kronenschicht**. Je nach Aufbau und Belau-

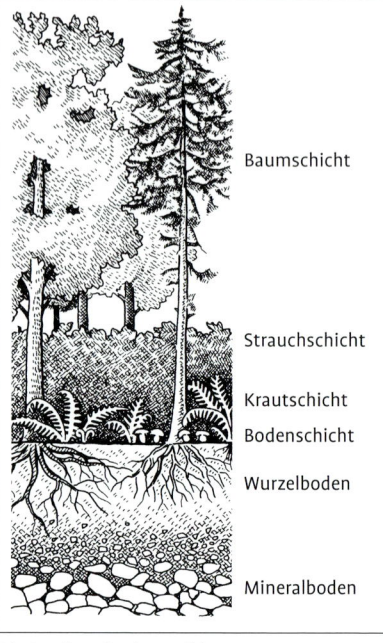

Durch die dichte Krone der Rot-Buche sieht man kaum noch den Himmel blitzen.

Die Stockwerke des Waldes.

bung der Baumkronen fallen mehr oder weniger Sonnenlicht und Niederschläge in das Waldinnere. Die Kronenschicht hat somit auch Einfluss auf die anfallende Streuschicht und die Bildung von Humus. Nadelbäume behalten – mit Ausnahme der Lärche – ihre Nadeln mehrere Jahre lang und fördern daher die Bildung von saurem Humus. Laubbäume werfen zwar in der Regel jedes Jahr ihr Laub ab, doch hängt es von der Baumart ab, wie schnell die Blätter verrotten. Manche brauchen dazu sehr lange, und so trifft man beispielsweise noch beim Frühjahrsspaziergang auf unzersetzte Eichen- und Buchenblätter.

In der Kronenschicht leben viele Tiere. Das flinke und sprungsichere Eichhörnchen sucht nach Nüssen und Zapfen, die es als Wintervorrat in der Erde versteckt. Das Eichhörnchen wird wiederum vom Baummarder gejagt. Er ist ein Einzelgänger, der vor allem in der Dämmerung und nachts jagt und in seinen Kletterkünsten dem Eichhörnchen in nichts nachsteht. Auch Insekten leben in der Baumkrone, vor allem an den Blättern und Blüten der Bäume. Sie sind Nahrung für viele Singvögel, beispielsweise für Blaumeisen und Goldhähnchen.
Der Baumstamm besteht vor allem aus Holzmasse und Rinde. Unter dieser ver-

läuft die so genannte Bastschicht, in der die in den Blättern gebildeten Nährstoffe hinunter in die Wurzeln gelangen. Auch die Rinde ist Lebensraum für viele Kleinlebewesen. Käfer und ihre Larven bohren in den Rissen der Rinde, um an die Bastschicht zu gelangen, von der sie sich ernähren. Diese Insekten sind wiederum ein Leckerbissen für Baumläufer, Kleiber und Specht.

Wo genügend Sonnenlicht durch das Blattwerk eindringen kann, da ist die **Strauchschicht** besonders reichhaltig. Mit ihren unterschiedlichen Sträuchern und jungen Bäumen ist diese Schicht von besonderer Bedeutung. Insekten, Vögel und Nagetiere, aber auch Rehe finden in ihr reichlich Nahrung. Außerdem bietet die Strauchschicht Rückzugsraum und Unterschlupf und hat die Aufgabe, den Wind vom Waldesinneren abzuhalten und damit den Boden vor zu starker Austrocknung zu schützen.

Die **Krautschicht** schließlich besteht aus einer Vielzahl von Blütenpflanzen, Farnen und Schachtelhalmen. Welche Arten in dieser Schicht wachsen, hängt vom Boden und dem Kleinklima ab. Auf sauren oder nassen Böden wachsen andere Gräser und Kräuter als auf basischen oder trockenen Böden. Krautschichten können durch ihren Blütenreichtum begeistern. Man denke nur an die Buchenwälder mit ihren Frühlingsblühern: Ganze Blütenmeere von Veilchen, Lungenkraut, Busch-Windröschen künden bereits den Frühling an, bevor die ersten Buchenblätter überhaupt austreiben.

Je spärlicher aber das Licht fällt und je karger der Boden, umso mehr treten die Blütenpflanzen in den Hintergrund. Dann haben die Moose ihren großen

Wächst in der Krautschicht auf kalkaltigem Boden: das Leberblümchen.

Auftritt. Gerade feuchtere Wälder bezaubern dann durch ihre Vielfalt an Moosen und Farnen. Zwischen den Moosen, den Flechten auf trockeneren Standorten und den Pilzen leben in der obersten Bodenschicht unzählige Insekten und Bodentiere: Ameisen, Käfer, Schnecken, Spinnen, Würmer, Tausendfüßer, Springschwänze und Asseln sind nur einige davon. Viele von ihnen helfen bei der Umwandlung von totem organischem Material in Humus mit.

Auch im Wurzelraum herrscht reges Leben. Größere Tiere graben in der Erde, so zum Beispiel der Dachs, wenn er seinen unterirdischen Bau anlegt. Aber

Auf dem Waldboden gibt es Spannendes zu entdecken. Man muss nur genau schauen!

auch kleine Bodentiere, Bakterien und Pilze sind im Wurzelraum aktiv. Sie wandeln organisches Material in Nährstoffe um, die dann von den Wurzeln der Bäume, Sträucher und Kräuter aufgenommen werden.

So vielfältig wie die Flora und Fauna der Wälder ist auch der Nutzen, den der Mensch aus den Wäldern zieht: Wälder sind für uns lebenswichtig, denn sie versorgen uns mit Sauerstoff zum Atmen und filtern mit ihren Blättern und Nadeln den Staub aus der Luft. Ein Hektar Fichtenwald kann pro Jahr etwa 30 Tonnen Staub aufnehmen! Wälder stellen uns aber auch durch ihre natürliche Filterfunktion sauberes Trinkwasser zur Verfügung. Sie bieten Lärmschutz und wirken insgesamt positiv auf das Klima. Um Großstädte herum verhindern Waldgürtel die Bildung von Dunstglocken, weil sie ständig Frischluft zuführen.

Wälder schützen aber auch vor Erosion, weil durch den Bewuchs der Abtrag der Bodendecke durch Wasser und Wind

Zecken und Fuchsbandwurm
Vor Zeckenbissen kann man sich mit geeigneter Kleidung schützen! Achten Sie deshalb darauf, dass die Kinder und Jugendlichen lange, helle Hosen (auf diesen sieht man die Zecken besser und kann sie rechtzeitig absammeln), Strümpfe und festes Schuhwerk tragen, wenn sie zusammen in den Wald gehen. Zuhause sollte der Körper dann gründlich nach Zecken abgesucht werden. Wenn die Zecken innerhalb von 12 Stunden entfernt werden, besteht eine geringere Gefahr der Übertragung von Krankheitserregern.
Um eine Übertragung des Fuchsbandwurmes zu vermeiden, sollten die Kinder und Jugendlichen vor dem Essen und auch nach der Erlebnis-Tour die Hände gründlich waschen. Walderdbeeren und Brom- und Himbeeren unter Erwachsenen-Kniehöhe sollten nicht roh verzehrt werden.
Für die Planung von Erlebnis-Touren in den Lebensraum Wald in ihrer Region erhalten Sie weitere Informationen zum Thema Zecken oder Fuchsbandwurm bei den lokalen Forstämtern und den Gesundheitsämtern.

verhindert wird, und vor Sturmschäden, weil die Sträucher und Bäume den Wind bremsen.

Der Wald eignet sich somit sehr gut für ein ganzheitliches Naturerlebnis, weil er unter verschiedensten Aspekten betrachtet werden kann. Mit Kindern und Jugendlichen kann der Wald sowohl als Lebensraum für eine reiche Flora und Fauna als auch als Ort des Zusammenwirkens vieler Lebewesen entdeckt werden. Nur auf der Grundlage von persönlichen Naturerlebnissen im Wald werden sie die Bedeutung dieses Lebensraumes als Lebensgrundlage für uns Menschen wahrnehmen und verstehen lernen.

■ Für Entdecker

Baumstämme rollen

Welches Alter? Vorschulkinder und Kinder
Wie viele? mindestens 12
Wie lange? Beliebig
Womit? kein Material nötig

Für dieses Spiel bilden wir zwei Gruppen mit mindestens sechs Mitspielern. Von diesen legen sich fünf als „Baumstämme" bäuchlings auf den Boden. Die sechste Person legt sich quer drüber. Auf „Los" rollen sich die fünf „Baumstämme" alle in die gleiche Richtung. Dabei rollt die oberste Person langsam von den Baumstämmen herunter. Sie legt sich anschließend auch als Baumstamm auf einer Seite hin. Von der anderen Seite nimmt ein anderer „Baumstamm" den Platz oben auf dem „Holzstoß" ein. Dies wird solange wiederholt, bis eine zuvor abgesteckte Ziellinie erreicht wird. Mal sehen, welche Gruppe zuerst am Ziel ist.

Schwarzer Dachs

Welches Alter? Vorschulkinder, Kinder und Jugendliche
Wie viele? Mindestens 20
Wie lange? Beliebig
Womit? 1 Blatt Papier, 1 Stift

Jeder Teilnehmer überlegt sich, was für ein Tier er auf der Waldparty sein möchte. Bevor die Party beginnt, melden sich alle Tiere beim Spielleiter, der sie auf seiner Gästeliste nacheinander notiert. Es ist durchaus möglich, dass sich mehrere gleiche Tiere eintragen lassen.

Nachdem der Spielleiter alle Tiernamen notiert hat, hält er seine Eröffnungsrede, die etwa so lauten könnte: „Auf der Party sind der Fuchs, das Eichhörnchen, …, die Amsel und der Hase erschienen. Ebenso begrüßen möchte ich nochmals ein Eichhörnchen, die Eule, …" Die Party beginnt und die geladenen Gäste bilden vier gleichgroße Gruppen, die sich in verschiedene Ecken im Raum oder draußen zurückziehen. Die Gruppe 1 überlegt sich ein Tier, welches sie gerne von einer anderen Gruppe, beispielsweise der Gruppe 2, haben möchte. „Wir wünschen uns von der Gruppe 2 den Dachs!" Ist dort ein Dachs, so wechselt er zu Gruppe 1 und die Gruppe darf weiterraten. Wenn sich kein Dachs unter den Teilnehmern der Gruppe 2 befindet, darf nun diese Gruppe eine Gruppe ihrer Wahl befragen. Wird eine Tierart gefordert, von der zufällig mehrere Exemplare in einer Gruppe sind, müssen alle wandern. Diejenigen Tiere, die bereits erraten wurden bzw. schon gewandert sind, dürfen nur von einer Gruppe gefordert werden, deren Gruppengröße auf zwei bzw. drei Teilnehmer (je nach Ausgangsgröße der Gruppen) gesunken ist. Das Spiel ist beendet, wenn entweder alle Tiere bekannt sind oder sich alle Tiere in einer Gruppe befinden. Die Tiere, die dann noch nicht entlarvt wurden, werden von allen gemeinsam erraten.

Dick, dicker, am dicksten

Welches Alter? Vorschulkinder und Kinder
Wie viele? Beliebig
Wie lange? Beliebig
Womit? Eventuell Metermaß

Wie viele Teilnehmer können zusammen um einen dicken Baumstamm herumreichen? Dazu bilden wir um einen dicken Baumstamm einen Kreis und geben uns die Hände. Jetzt kann der Umfang und der Durchmesser geschätzt werden. Jeder prägt sich bei der Umarmung seine Körperhaltung und das Ausbreiten seiner Arme ein. Danach stellen wir uns abseits des Baumes nochmals im Kreis in der gleichen Haltung auf, damit alle den Umfang und Durchmesser direkt sehen können. Wer es noch genauer wissen möchte, kann mit einem Metermaß den Umfang nachmessen. Danach wiederholen wir diese Messung noch an weiteren Bäumen und „krönen" den dicksten Baum. Der Fantasie sind hier keine Grenzen gesetzt!

Wer ist älter?

Welches Alter? Vorschulkinder und Kinder
Wie viele? Bis 15
Wie lange? Beliebig
Womit? Stecknadeln

Wenn sich die Gelegenheit bietet, betrachten wir die Jahresringe an einem gefällten, alten Baum. Wir entdecken helles, grobporiges Holz, das im Frühjahr entstanden ist, und dunkles, eher feinporiges Holz aus dem Herbst. Beides zusammen ergibt einen Jahresring und erzählt von einem Jahr aus dem Leben eines Baumes. In guten Jahren, wenn der Baum genügend Wasser, Licht und Nährstoffe erhielt, ist der Jahresring breit. Schmale Ringe verweisen auf trockene Jahre. Die Kinder sollen folgende Fragen beantworten:

- Wie alt wurde der Baum?
- Wie dick war der Baum, als man selbst geboren wurde?
- Welches Jahr war das trockenste im Leben des Baumes?
- Welches Jahr war das beste Jahr?
- Gibt es am oberen und am unteren Ende eines gefällten Baumstammes gleich viele Jahresringe?

Jeder kann an dem Baumstumpf mit einer Stecknadel das eigene Geburtsjahr markieren.

Blinde Reise durch den Wald

Welches Alter? Vorschulkinder, Kinder und Jugendliche
Wie viele? Bis 15
Wie lange? Beliebig
Womit? 100 bis 300 m Seil, Augenbinden, Malstifte, Papier, Unterlagen

Der Wald wird intensiver bzw. ganz anders wahrgenommen, wenn der Gesichtssinn ausgeschaltet wird. Der Spielleiter kundschaftet eine Strecke aus, die von den Teilnehmern auch barfuß begangen werden kann. Entlang dieser Strecke wird ein Seil gespannt, an dem sich alle bequem festhalten können. Besonders reizvoll ist es, wenn der Untergrund öfter wechselt (zum Beispiel Klettern über moosbewachsene Stämme usw.) oder wenn die Gruppe vom wärmeren Waldrand ins kühlere Innere geführt wird. Die Wegstrecke halten wir anschließend in Zeichnungen fest.

Danach gehen wir die Strecke mit offenen Augen noch einmal ab.

Waldführung – einmal anders

Welches Alter? Kinder, Jugendliche
Wie viele? Bis 25
Wie lange? Beliebig
Womit? Kein Material nötig

Ein Kind oder Jugendlicher wählt sich ein Natur-Objekt, beispielsweise eine bestimmte Baumart, einen Baumstumpf, einen Stein, einen Pilz oder eine bestimmte Pilzart und führt die Gruppe, ohne eine Erklärung abzugeben, von Objekt zu Objekt der gleichen Art. Die anderen haben die Aufgabe zu erraten, welches Objekt der Führende im Auge hat. Wer es errät, darf die nächste Waldführung übernehmen.

Natürlicher Kampfstoff

Welches Alter? Vorschulkinder, Kinder, Jugendliche
Wie viele? Bis 10
Wie lange? 30 Minuten
Womit? Eine violette Blüte, zum Beispiel von einer Glockenblume

Ameisen können mit ihren kräftigen Kiefern ordentlich beißen. Auch mit dem scharfen Sekret, das sie aus einer Giftdrüse am Hinterleib ausstoßen, verteidigen sie sich. Uns Menschen juckt so ein Ameisenbiss, kombiniert mit der Ameisensäure, ganz erheblich.

Wir suchen eine violette Blüte und halten diese nahe an den Ameisenhaufen heran. Die Ameisen bekämpfen sofort den vermeintlichen „Eindringling" und bespritzen die Blüte mit ihrer Säure. An der Stelle, an der sie von den Säuretropfen getroffen wird, färbt sich die Blüte rot.

Ameisen als Samentransporteure

Welches Alter? Vorschulkinder, Kinder, Jugendliche
Wie viele? Bis 10
Wie lange? 45 Minuten
Womit? Papier, Stifte

Das rege Treiben rund um den Ameisenhaufen ist für Kinder und Erwachsene ein beeindruckendes Erlebnis. Die Kinder beobachten, welche Pflanzenteile zum Ausbau des Nestes oder als Nahrung herbeigetragen werden, Das können

Fleißiges und wehrhaftes Gewusel: Waldameisen auf ihrem Haufen.

kleine Holzstückchen, Nadeln, aber auch kleinere Insekten sein. Einige Pflanzen benutzen die Sammellust der Ameisen zu ihrer Verbreitung. So besitzen einige Pflanzensamen fett- oder stärkehaltige Anhängsel, die von den Ameisen als Abwechslung auf ihrem Speiseplan geschätzt werden. Mit den Anhängseln verschleppen die Ameisen auch die Samen, so etwa vom Veilchen, vom Schöllkraut oder vom Bärlauch.

Um das Ameisenleben besser kennen zu lernen, machen wir folgende Versuche: Wir legen einige Veilchensamen in die Nähe der Ameisenstraße und beobachten, was passiert. Wir unterbrechen die Ameisenstraße mit einem Hindernis. Wie verhalten sich nun die Ameisen?

Leben im und am Baumstrunk

Welches Alter? Kinder, Jugendliche
Wie viele? Bis 20
Wie lange? Beliebig
Womit? Becherlupen, Pinsel, weiche Pinzette, Bestimmungsbuch

Wir untersuchen mit einer Lupe einen Baumstrunk einmal genauer. Am besten eignen sich Becherlupen, da die flinken Kleinlebewesen hiermit in Ruhe betrachtet werden können. Als erstes untersuchen wir das Äußere des Baumstrunks und betrachten die Pflanzen, die darauf wachsen und die Lebewesen, die sich dort aufhalten. Anschließend entfernen wir etwas Rinde und fangen einige Tiere, die darunter sitzen (Asseln, Ohrwürmer, Käfer, Ameisen, Spinnen usw.). Wenn sich die Tiere in unseren Gefäßen etwas beruhigt haben, können wir sie aufmerksam betrachten.

Mooswäldchen im Glas

Welches Alter? Vorschulkinder, Kinder und Jugendliche
Wie viele? Bis 30
Wie lange? Beliebig
Womit? Ein großes Glas mit einer breiten Öffnung, durchsichtige Plastikfolie, einen Gummi, Blumenerde, Kies und verschiedene Moose

Auf einem Ausflug im Wald werden verschiedene Moose gesammelt. Diejenigen, die auf Steinen, Holz- oder Rindenstückchen wachsen, nehmen wir zusammen mit ihrer Unterlage mit. Es sollte darauf geachtet werden, dass nur so viele Moose mitgenommen werden, wie man für ein Glas braucht.

Beim Sammeln können die Kinder mit einer Lupe die kleine Mooswelt genauer betrachten und erforschen.

Als unterste Schicht wird in das Glas eine ungefähr 2 cm hohe Kiesschicht gefüllt. Darüber kommen etwa 4 cm Blumenerde. Nun können die Moose mit und ohne Unterlagen, auf denen sie wachsen, in das Glas gelegt werden. Die Mooslandschaft wird nun mit Wasser besprüht. Anschließend spannen wir die Folie mit einem Gummi über die Öffnung. In die Folie werden kleine Löcher gestochen, damit Luft in das Gefäß eindringen kann. In den nächsten Tagen beobachten wir mit einer Lupe, was sich in unserem Moosgärtchen tut.

Spurensuche

Welches Alter? Vorschulkinder, Kinder, Jugendliche
Wie viele? 1 bis 10
Wie lange? 45 bis 60 Minuten
Womit? Pappe, Schere, Sicherheitsnadel, Gips, Wasser

Wir spielen Trapper und rüsten uns für die Spurensuche. Die Trittspuren von Tieren lassen sich am leichtesten im Schnee oder auf feuchten Waldwegen verfolgen. Von den Spuren stellen wir Gipsabdrücke her. Mit einem Streifen Pappe, den wir mit einer Büroklammer zusammenheften, umgrenzen wir die Tierspur. Anschließend füllen wir den mit Wasser angerührten Gipsbrei in die Form und warten, bis er getrocknet ist. Unsere Gipsabdrücke können wir mitnehmen und eine Spurensammlung anlegen. Wer aus dem Positiv-Abdruck einen Negativ-Abdruck machen möchte, muss den Positiv-Abdruck mit starker Seifenlauge einreiben, bevor der neue Abdruck gemacht wird.

Die Tierspur wird zunächst mit einem Papprand umschlossen.

Die fertig gegossene Spur wird gesäubert.

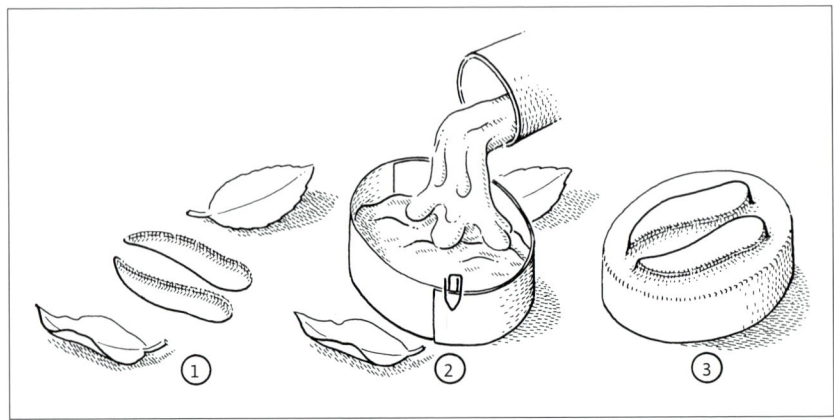

Auf Spurensuche. 1) Eine Rehspur im feuchten Boden. 2) Ausfüllen der Form mit angerührtem Gips. 3) fertiger Gipsabdruck.

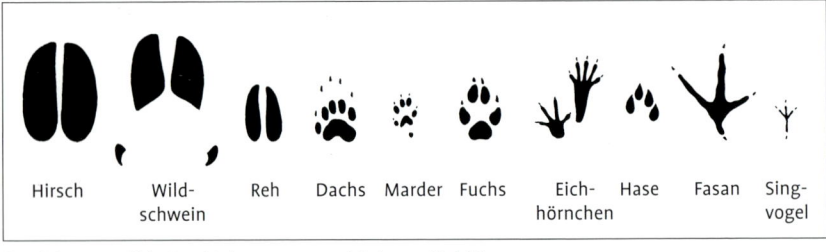

| Hirsch | Wild-schwein | Reh | Dachs | Marder | Fuchs | Eich-hörnchen | Hase | Fasan | Sing-vogel |

Der Schnee erzählt Geschichten von verschiedenen Waldtieren.

Nachtwanderung durch den Wald

Welches Alter? Kinder, Jugendliche
Wie viele? Bis 15
Wie lange? 1 bis 2 Stunden
Womit? Eine Taschenlampe,
Teelichter

Es ist wichtig, dass alle Kinder dem Vorhaben entsprechend warm und wetterfest angezogen sind. Mit etwas jüngeren oder ängstlicheren Kindern ist es ratsam, die Nachtwanderung in der Dämmerung zu beginnen, damit sie sich langsam an die Dunkelheit gewöhnen. Der Spielleiter sollte für den Notfall eine Taschenlampe mit sich führen. Während der Wanderung können kleinere Pausen eingelegt werden. Diese bieten den Kindern die Gelegenheit, ganz ruhig auf die Geräusche der Nacht zu lauschen. Besonders eindrucksvoll ist die Betrachtung des Sternenhimmels.

■ Für Spürnasen

Wald-Memory

Welches Alter? Vorschulkinder, Kinder, Jugendliche
Wie viele? Bis 30
Wie lange? 20 Minuten
Womit? Zwei Tücher

Während einer Waldwanderung sammelt der Spielleiter unbemerkt etwa 10 bis 15 Gegenstände, zum Beispiel Äste, Steine, Früchte aller Art, Blätter etc. Diese werden auf ein Tuch gelegt und mit einem zweiten bedeckt. Für ungefähr 30 Sekunden wird das zweite Tuch nun hochgehoben und die Kinder können sich die Objekte einprägen. Nachdem alles wieder unter dem zweiten Tuch verborgen ist, gehen die Kinder los und versuchen, die gleichen Gegenstände wiederzufinden. Sobald alle zurück sind, werden die Pflanzenteile einzeln hervorgeholt und genauer vorgestellt. Dann kann verglichen werden, ob alle das Richtige gesucht und gefunden haben.

Gallen und ihre Bewohner

Welches Alter? Kinder, Jugendliche
Wie viele? Bis 30
Wie lange? Beliebig
Womit? Lupen, Messer, Glas, feinmaschiger Stoff (Vorhangstoff), Gummi, Wasserzerstäuber

In Mitteleuropa gibt es etwa 100 verschiedene Arten durch von Gallwespen hervorgerufene Gallen an Eichen. Beim Spazierengehen fallen uns die meist kugelrunden Galläpfel dieser Gallwespen an den Eichenblättern auf. In der Winterzeit kriechen aus ihnen die Weibchen der Gallwespen. Sie legen ihre Eier in die End- und Seitenknospen, die sich daraufhin in kleine Gallen verwandeln. Im Mai schlüpfen aus ihnen Männchen und Weibchen. Letztere legen ihre Eier wieder an die Unterseite von Eichenblättern, wo sich dann neue Galläpfel entwickeln. Wir betrachten ein Blatt mit einem Gallapfel genauer und schneiden diesen vorsichtig mit einem Messer auf. Was befindet sich darin? Wie ist das Tier hineingekommen?

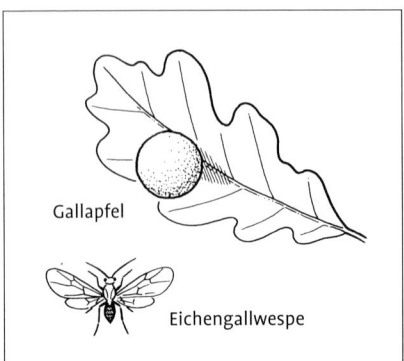

Die Gallen der Eichengallwespe erinnern an kleine Äpfel.

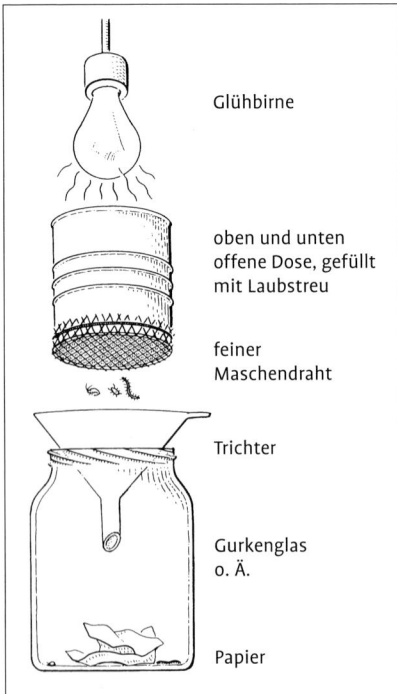

So sieht eine Falle für Bodentiere aus der Laubstreuschicht aus.

Tiere im Boden

Welches Alter? Kinder, Jugendliche
Wie viele? Bis 20
Wie lange? Beliebig
Womit? Blechdose, Dosenöffner, Feile, Drahtnetz mit einer Maschenweite von etwa 5 mm, Trichter, großes Marmeladenglas, Lupe, Papier, Stifte, eine Lichtquelle (Glühbirne, 60 Watt)

Wir suchen in der Streuschicht nach typischen Bodentieren. Dazu bauen wir uns als erstes eine Art Falle für die Bodentiere: Von einer alten Blechdose werden der Boden und der Deckel entfernt. Den Boden der Dose ersetzen wir durch ein engmaschiges Drahtnetz. Nun wird die Dose mit Laubstreu aufgefüllt und auf einen Trichter gesetzt, der in ein großes Gurkenglas mündet.

Mit einer Glühbirne erwärmen wir das Laub von oben her. Da die Tiere Licht und Trockenheit scheuen, wandern sie nach unten und fallen durch das Drahtnetz und den Trichter in das Glas hinein und können dort beobachtet werden.

Nun werden Laub- und Nadelstreu miteinander verglichen. In der Laubstreu leben viele verschiedene Bodentiere, in der Nadelstreu dagegen wenige, die zum Teil massenhaft vorkommen (beispielsweise Große Waldameisen, Schmetterlingspuppen, einige Käferarten). Nadelstreu hat im Gegensatz zur Laubstreu einen geringeren Zersetzungsgrad und Nadelwälder daher auch eine dickere Rohhumusschicht. Sie bietet den Bodentieren auch weniger Möglichkeiten, sich zu verstecken (Typische Bodentiere siehe Kapitel „Wege und Zäune", Seite 86).

Gewölle erforschen

*Welches Alter? Kinder,
Jugendliche
Wie viele? Bis 30
Wie lange? 1 Stunde
Womit? Pinzette, Nadel, Bestimmungs-
buch*

Eulen und Greifvögel würgen die unver-
daulichen Reste ihrer Nahrung (Knochen, Haare) in einem Klumpen zusam-
mengepresst wieder aus. Diesen
Klumpen bezeichnet man als Gewölle.
Untersucht man die Gewölle, so kann
man feststellen, welches Tier der Greif-
vogel bzw. die Eule gefressen hat. Mit
einer Nadel und einer Pinzette zerlegen
wir vorsichtig das Gewölle und sortieren
Knochen, Zähne und Haare. Die Schädel-
art versuchen wir nun anhand eines
Bestimmungsbuches festzustellen.

So sieht das Gewölle eines Uhus aus.

daran riechen. Die Naturmaterialien werden danach nicht achtlos weggeworfen,
sondern man bastelt gemeinsam zum
Abschluss ein „Waldduft-Mobile" und
hängt dieses im Kindergarten, im Klas-
senzimmer oder im Wohnzimmer als
Erinnerung an den Waldspaziergang auf.

Mit der Nase draufgestoßen

*Welches Alter? Vorschulkinder, Kinder,
Jugendliche
Wie viele? Bis 30
Wie lange? 30 Minuten
Womit? Stofftaschen, Augenbinden*

In Kleingruppen (2 bis 4 Personen) werden möglichst viele unterschiedlich duftende Pflanzen und Pflanzenteile, wie
Rinde, Früchte, Nadeln, Erde, Moos, Harz
oder Blüten gesammelt. Wir nehmen sie
in Stofftaschen mit nach Hause. Auf
Tischen legen wir die Materialien aus,
bestimmen sie mit Hilfe geeigneter
Fachliteratur und riechen daran.
Anschließend versuchen die Gruppen,
mit verbundenen Augen die Gegenstände wiederzuerkennen, indem sie

Waldhimmel

*Welches Alter? Vorschulkinder, Kinder,
Jugendliche
Wie viele? Bis 10
Wie lange? 20 Minuten
Womit? Kein Material nötig*

Die Teilnehmer legen sich in einem laub-
bedeckten Buchenwald auf den Rücken.
Sie können dabei ihren Liegeplatz auch
zwischen den Wurzeln eines großen
Baumes einnehmen. Während sie die
Erde spüren und zum Kronendach hin-
aufblicken, eröffnet sich ihnen eine ganz
neue Perspektive. Der Spielleiter bedeckt
nun die Liegenden vollständig mit Zweigen, Laub und etwas Erde. Anschließend
werden vorsichtig einige Ästchen und
etwas Laub auf das Gesicht gelegt. Kit-

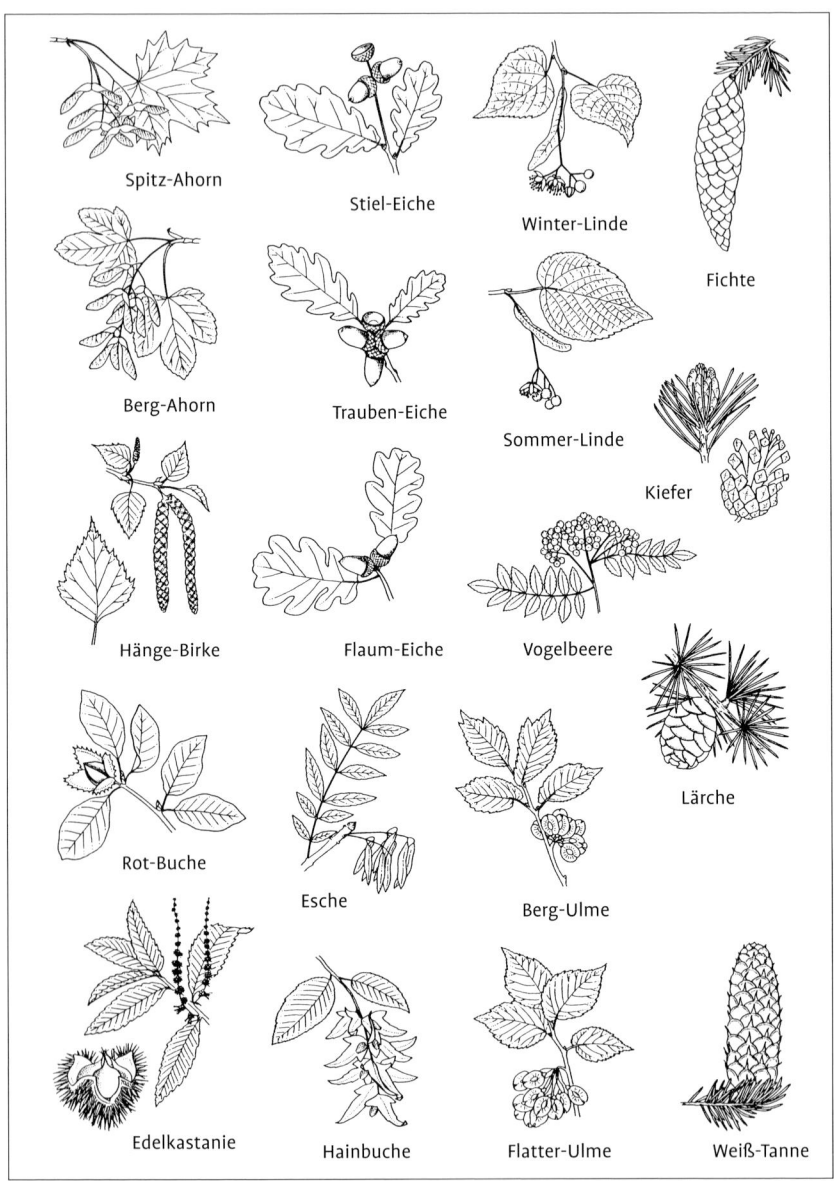

Typische Laub- und Nadelgehölze und ihre Früchte.

Spitz-Ahorn

Stiel-Eiche

Winter-Linde

Fichte

Berg-Ahorn

Trauben-Eiche

Sommer-Linde

Kiefer

Hänge-Birke

Flaum-Eiche

Vogelbeere

Lärche

Rot-Buche

Esche

Berg-Ulme

Edelkastanie

Hainbuche

Flatter-Ulme

Weiß-Tanne

zelt es zu sehr, kann das aber auch unterbleiben. Als Teil des Waldes lauschen wir dem Rauschen des Windes im Blattwerk und den Vögeln des Waldes.

Waldrallye

Welches Alter? Kinder, Jugendliche
Wie viele? 6 bis 12
Wie lange? Vorbereitung 4 Stunden, Rallye 1 Stunde
Womit? Zettel oder Kärtchen, Stifte, Würfel, künstliche Gegenstände (zum Beispiel Kronenkorken, Glasmurmeln usw.)

Die Kinder spielen zu zweit oder zu dritt in einer Gruppe. Als Spielfeld wird ein übersichtliches Waldstück ausgewählt, in dem etwa 25 Zettel mit Spielnummern (Stationen) verteilt werden. In der Mitte des Spielfeldes steht ein Baumstrunk, der als Würfeltisch dient. Vor dem Spiel bastelt sich jede Gruppe eine Spielfigur aus Naturmaterialien. Diese wird auf das Startfeld gestellt und durch Würfeln auf die nummerierten Stationen vorgerückt. Hier muss entweder eine Aktionskarte gezogen und eine Aufgabe gelöst werden, oder das Spielglück wird durch Vorwärtsziehen oder Zurückgehen nachträglich beeinflusst. Ist die Aufgabe gelöst, darf weitergewürfelt werden. Sieger ist diejenige Mannschaft, die mit ihrer Figur zuerst das Ziel erreicht.

Vorbereitung: Der Spielleiter bereitet die Aktionskarten mit Fragen vor, die den Wald betreffen. Diese könnten beispielsweise folgendermaßen aussehen:
– Suche ein Blatt mit Fraßspuren
– Suche drei verschiedene Früchte des Waldes
– Suche in drei Minuten fünf verschiedene Düfte von Pflanzen
– Pfeife den Ruf eines Buchfinks
– Nenne einen Nadelbaum, der im Winter seine Nadeln verliert

Pro Station sollten mehrere Aufgaben vorbereitet werden, damit es nicht zu Wiederholungen kommt.

Waldzwerge

Welches Alter? Vorschulkinder, Kinder, Jugendliche
Wie viele? Beliebig
Wie lange? 20 Minuten
Womit? Ein etwa fingerdicker Zweig (bis 2 cm Dicke und bis 10 cm Länge), ein Messer zum Schnitzen (Taschenmesser), Fingerfarben

1) Ein etwa fingerdicker Zweig wird angespitzt. 2) Aus dem angespitzten Ende wird die Zipfelmütze des Zwerges. 3) Rinde wird abgeschabt, damit das Gesicht des Zwerges entsteht. 4) Mit Finger- oder Pflanzenfarbe wird ein Gesicht angedeutet und die 5) Zipfelmütze eingefärbt. 6) Als Spielunterlage kann Laubstreu oder Moos dienen.

Als Spielfiguren für die oben beschriebene Wald-Rallye kann man kleine Waldzwerge schnell und einfach schnitzen. Man schneidet etwa fingerdicke Zweige verschieden lang ab (von 2 bis 10 cm Länge). Das eine Ende des Holzstückchens wird angespitzt – das gibt die Zwergenmütze; das andere Ende wird möglichst eben abgeschnitten, damit der Zwerg auch steht. Für das Gesicht wird etwas Rinde abgeschält, mit Fingerfarbe werden zwei kleine Punkte als Augen angedeutet. Die Mütze kann ebenfalls mit Fingerfarbe in verschiedenen Farben angemalt werden. Anstatt der Fingerfarben lassen sich die Mützchen aber auch mit Pflanzenfarbstoffe aus Holunderbeeren oder Brombeeren färben. Vorschulkinder können mit dem Waldzwerg ihre ersten, vorsichtigen Schnitzversuche machen.

Waldschadens-Tour

Alter: Kinder und Jugendliche
Wie viele? Bis 20
Wie lange? Beliebig
Womit? Stifte, fester Karton, Womit? Joghurtbecher, Indikatorpapier aus der Drogerie

Wir erstellen zusammen mit dem Förster einen Waldschadens-Lehrpfad. Dazu suchen wir uns ein Waldstück, in dem wir nun alle kranken Bäume mit Schildchen versehen. Auf den Schildern stehen Erklärungen zur Pflanze, ihrem Lebensraum, zum Schadensbild, der Erkrankung und ihrer Ursache. Den Lehrpfad stellen wir auf weiteren Spaziergängen unseren Eltern, Geschwistern oder Freunden vor.

Während der Waldschadenskartierung mit dem Förster wird die Gruppe auf das Waldsterben zu sprechen kommen. Es bietet sich im Anschluss an die Diskussion an, eine pH-Wert-Messung des Regens vorzunehmen. Dazu fangen wir in einem Joghurtbecher Regenwasser auf. Mit einem Indikatorpapier stellen wir den Säuregrad des Wassers fest. Wir vergleichen die Färbung unseres Indikatorpapiers mit der beiliegenden Farbskala. Das Resultat unserer Messung können wir anschließend mit Leitungswasser, Essig oder Zitronensaft vergleichen.

■ Für Bastler

Fang den Ball!

Welches Alter? Vorschulkinder, Kinder
Wie viele? Bis 20
Wie lange? Beliebig

Jeder Teilnehmer sucht sich ein Aststück, das sich an einem Ende gabelt und mindestens drei Astenden besitzt. Diese umwickeln wir mit einer Schnur, so dass eine becherförmige Form entsteht. Der so entstandene Hohlraum soll den „Auffangbecher" für unser Geschicklichkeitsspiel darstellen. An der anderen Seite des Astes schnitzen wir eine Kerbe rund um den Ast. Die Kerbe wird etwa 1 bis 2 cm vom Astende entfernt angebracht. Hier wird eine etwa 1 m lange Schnur festgebunden. An deren Ende befestigen wir ein Wollknäuel, eine Nuss oder eine Kastanie. Dies ist unser Ball, der in den Becher geworfen werden soll. Viel Spaß beim Üben!

Blätterkrone und Blattgirlande

Welches Alter? Vorschulkinder, Kinder
Wie viele? Bis 20
Wie lange? Beliebig
Womit? Naturmaterialien

Im herbstlichen Wald kann man bunt gefärbte Blätter finden, mit denen das Basteln großen Spaß macht. Für eine Blätterkrone eignen sich große, verschiedenfarbige Ahornblätter besonders gut. Die dicken Enden der Blattstiele werden abgeschnitten und die Blätter neben der mittleren Blattader gefaltet. In das Blatt wird ein Schlitz geritzt und der Stiel des nächsten durchgesteckt. Wir falten dieses Blatt wieder und versehen es ebenso mit einem Schlitz usw. Wenn die Blätterkette ausreichend lang ist, wird der Stiel des ersten Blattes durch den Schlitz des letzten gesteckt – und schon ist unsere Herbstkrone fertig!

Statt die Äste über eine Grube zu legen, können sie auch an Querästen montiert und aufgehängt werden.

Girlanden-Drachen
Anstatt der Krone kann man mit Ahornblättern aber auch eine Blattgirlande basteln. An den langen Stielen werden die Blätter der Reihe nach zu einer langen Girlande zusammengebunden. Jetzt kann man mit der Girlande in der Hand schnell über die Wiesen rennen, so dass diese fast wie ein Drachen hinterher fliegt.

Waldmusik

Welches Alter? Kinder, Jugendliche
Wie viele? Bis 30
Wie lange? Beliebig
Womit? Zwei dicke, möglichst gerade, trockene Äste aus Hartholz als Unterlage; verschiedene nicht zu dünne, trockene Äste aus Hartholz als Klanghölzer, zwei Stöcke als Schlegel

Die Kinder verteilen sich in Rufweite in einem Waldstück. Jeder baut sich ein Xylophon aus Harthölzern mit verschiedenen Längen und Durchmessern. Die Klanghölzer müssen gut gelagert werden; am besten legt man sie über einer kleinen Erdmulde auf gerade Rundhölzer aus Hartholz. Die Mitspieler hören und antworten nun auf hohe und tiefe Töne.

153

Tümpel und Weiher – quaken, jagen, balzen

Paradies für Forscher

Es ist Frühsommer. Die warme Junisonne spiegelt sich fröhlich in einer Wasserpfütze wider und über die bunten Wiesen gaukelt ein Heer von farbenprächtigen Schmetterlingen. Auch in der kleinen Pfütze geht es recht munter zu. Ein Grasfrosch hat im Frühjahr dort abgelaicht. Nun tummelt sich hier eine Vielzahl von schwänzelnden Kaulquappen.

Wie fast alle Amphibien benötigt der Grasfrosch für seine Fortpflanzung Wasserstellen als Laichplätze. In diesem Fall hat er sich mit einer Pfütze zufrieden gegeben, normalerweise sucht er zum Ablaichen aber eher größere Tümpel, Teiche, Weiher oder sogar einen See, das heißt Gewässer, in denen das Wasser nicht beständig talabwärts fließt, sondern in „Hohlformen" unterschiedlichster Art steht. Zu den kleinsten dieser so genannten Stillgewässern gehören zum Beispiel mit Wasser gefüllte Baumhöhlen. Auch in solchen „Mini-Feuchtbiotopen" können sich beispielsweise Insektenlarven entwickeln.

Stillgewässer wie Tümpel und Weiher entstehen, wenn sich Wasser in einer abflusslosen Senke ansammelt – beispielsweise, wenn Niederschlagswasser in einer Geländesenke zusammenfließt oder an Orten, wo viele Quellen sind. Auch im Moor oder in Bach- und Flusstälern mit natürlichen Staustufen können sich auf dichtem Untergrund Tümpel,

Weiher oder kleinere Seen bilden. Daneben legt aber auch der Mensch – beabsichtigt und manchmal auch unbeabsichtigt – Stillgewässer an. Baggerseen, Dorf- und Feuerlöschteiche oder mit Wasser gefüllte Wagenspuren gehören dazu. Nur wenige Kinder haben heute noch die Möglichkeit, an naturbelassenen Tümpeln und Weihern prächtigen Libellen bei ihrer luftigen Jagd nach Beute zuzuschauen, dem Gesang der Nachtigallen zu lauschen oder die Molche bei ihrer Balz zu beobachten. Und dabei gehören Tümpel und Weiher zu den Erlebnisräumen der „Extraklasse", denn kaum ein Lebensraum bietet eine so große Vielfalt an Leben!

Betrachten wir einmal die **Tümpel**: Bis zu 600 verschiedene Tierarten können darin leben. Dazu gehören beispielsweise die Wasserfrösche, aber auch andere Amphibienarten wie Erdkröte, Teichmolch oder Grasfrosch, die nur während ihrer Laichzeit Gewässer aufsuchen. Schnecken, Krebse und eine kaum überschaubare Vielfalt an Insekten tummeln sich in und an diesen meist sehr idyllisch gelegenen Gewässern.

Während Tümpel meist nur flach sind und jährlich ein- oder mehrmals austrocknen, gehören die Weiher zu den eher seenähnlichen Kleingewässern, die ständig Wasser führen. In Tümpeln steigt die Wassertemperatur aufgrund der geringen Tiefe oftmals so hoch wie die umgebende Lufttemperatur. Aufgrund dieser schnelleren Erwärmung

Die weiße Seerose ist auch heute noch an vielen Dorfweihern zu finden.

sind sie im Frühjahr bevorzugte Laichplätze für Grasfrosch, Teich- oder Fadenmolch. Im Sommer dagegen kann es im Tümpel zu starken Temperatur- und Wasserstandsschwankungen kommen. Ohne ständigen Zufluss von Wasser trocknen sie dann gelegentlich aus und hinterlassen nur eine von Rissen durchzogene Schlammfläche. Die Pflanzen und Tiere haben sich daran gewöhnt. Die dort lebenden Wasserpflanzen haben Landformen ausgebildet oder andere Möglichkeiten entwickelt, um eventuelle Trockenphasen zu überstehen. Und auch die Tierwelt bedient sich so mancher Tricks, um temporäre Trockenphasen zu überdauern. Sie tun dies als Larven, als Eier oder als erwachsene Tiere. Die Schnecken beispielsweise ziehen sich einfach in ihr Haus zurück und verschließen dieses mit einem Schleimdeckel.

Auf natürlich entstandene Weiher trifft man hauptsächlich im Voralpenraum. Dort bildete sich diese Gewässerart, die auch als „See ohne Tiefe"

bezeichnet wird, vor allem in Geländesenken, die keine Zu- oder Abflussmöglichkeit besitzen. Naturnah belassene Weiher können durch ihre Wechselbeziehungen von Untergrund, Wasser, Pflanzen und Tieren sehr viele Lebensgemeinschaften beheimaten. Im freien Wasser, vor allem in sehr nährstoffreichen und schattiger gelegenen Weihern, wurzeln verschiedene Arten von Wasserlinsen – oft bedecken sie wie ein Teppich die gesamte Wasseroberfläche. Kann in flachen Gewässern genügend Licht und Wärme unter die Wasseroberfläche vordringen, siedeln sich auch dort Pflanzen an, die oftmals meterlange Stängel mit Schwimmblättern hervorbringen, so zum Beispiel die Gelbe Teichrose oder verschiedene Laichkraut-Arten. In den Verlandungszonen wachsen Igelkolben, Rohrglanzgras, Pfeilkraut und Froschlöffel. Im Uferbereich entstehen ausgedehnte Röhrichtzonen mit Schilf, Rohrkolben und Gelber Schwertlilie, die ganzjährig feuchte Standorte benötigen.

Weiher oder Teiche können aber auch vom Menschen für bestimmte Nutzungen angelegt werden, beispielsweise als Fischteich oder Löschwasser-Reservoir. Naturnahe Teiche und Weiher leisten zum Beispiel in stark besiedelten Räumen einen wichtigen Beitrag zum Naturschutz, sofern sie eine ausgedehnte Flachwasserzone besitzen und keine Nutzfische in ihnen ausgesetzt werden. Oft sind sie dann die wichtigsten Laichgewässer für viele unserer heimischen Amphibien wie etwa Frösche und Molche. Auch stark gefährdete Arten, wie beispielsweise der Laubfrosch oder viele Libellenarten, finden an naturnah angelegten Teichen einen Ersatz-Lebensraum.

■ Für Entdecker

Fisch schnappt Fliege

Welches Alter? Vorschulkinder, Kinder und Jugendliche
Wie viele? Bis 30
Wie lange? 30 Minuten
Womit? So viele Trinkbecher, wie Kinder mitspielen; eine Augenbinde, eine Wassersprühflasche

Wenn wir uns einem Tümpel oder Teich nähern, versuchen wir uns möglichst vorsichtig und ruhig zu verhalten, um keine Tiere aufzuscheuchen. Ein schönes Spiel, um das Heranschleichen zu üben, ist das „Fisch-schnappt-Fliege-Spiel":

Dazu benötigen wir eine Augenbinde oder ein Tuch, so viele Trinkbecher – mit Mineralwasser gefüllt – wie Kinder oder Jugendliche mitspielen und eine halbvolle Wassersprühflasche. Die mit Wasser gefüllten Trinkbecher (keinen Saft verwenden, weil sonst Wespen angezogen werden!) stellen wir in einem Kreis mit jeweils etwa 2 m Abstand zwischen den Bechern auf. Ein Mitspieler stellt den gefräßigen Fisch dar, der im Tümpel schwimmt und auf die Fliege lauert. Er stellt sich in die Kreismitte. Fische können hervorragend hören, und über das so genannte Seitenlinienorgan nehmen sie Erschütterungen sofort wahr. Will man sich deshalb an einen Fisch anschleichen, muss man schon sehr vorsichtig an die Sache herangehen. Aber Fische sehen auch sehr gut. Ihr Gesichtsfeld ist infolge der seitlichen Augenstellung und der Brechung des Lichtes an der Wasseroberfläche sehr groß. Deshalb werden in unserem Spiel die Augen des Fisches mit einem Tuch o. Ä. verbunden.

Alle anderen Mitspieler sind Beutetiere. Sie stellen sich in einem äußeren Kreis auf, etwa 5 m entfernt von der Kreismitte. Nun versucht auf das Zeichen des Spielleiters hin ein Beutetier, sich vorsichtig an seinen Wasserbecher heranzuschleichen, etwas davon zu trinken, den Becher wieder abzustellen und langsam zurückzugehen. Nimmt der Fisch ein Geräusch wahr, so darf er mit der Wasserspritze in diese Richtung spritzen. Wird die „Beute" getroffen, so muss sie „Getroffen" rufen und sich an dieser Stelle hinsetzen. Dann darf das nächste Tier sein Glück versuchen. Gelingt es ihm, unversehrt zurückzukommen, so setzt es sich an seinem Platz hin.

> **Achtung Natur!**
> Wer das bunte Reich der Tümpel und Weiher entdecken will, sollte sich nur langsam und vorsichtig dem Ufer nähern und keinesfalls die Lebenswelt stören!
> Wasserinsekten und Amphibien lassen sich gut mit einer mitgebrachten durchsichtigen Plastiktüte beobachten. Anschließend müssen die Tiere aber wieder vorsichtig in das Wasser zurückgesetzt werden.
> Keinesfalls dürfen Frösche, Molche oder andere Amphibien sowie deren Larven mitgenommen werden. Sie sind auf das jeweilige Gewässer geprägt und würden den Gartentümpel wieder verlassen. Da sie Randsteine und andere Hindernisse nicht überwinden können und dann auf der Suche nach Verstecken an Mauern und Randsteinen entlanglaufen, fallen sie oft in einen Gully oder Lichtschacht und kommen elend zu Tode.

Wassergeräusche

Welches Alter? Kinder und Jugendliche
Wie viele? Bis 30
Wie lange? 30 Minuten
Womit? Kein Material nötig

Wir setzen uns mit geschlossenen Augen an den Rand eines Tümpels oder Weihers. Ein Mitspieler steht auf und macht mit den Händen oder mit einem Gegenstand ein beliebiges Geräusch auf der Wasseroberfläche. Danach öffnen alle wieder die Augen. Wer meint, erkannt zu haben, wie das Geräusch erzeugt wurde, steht auf und wiederholt das Geräusch. Ist es richtig, darf er das nächste Geräusch vormachen.

■ Für Spürnasen

Einfach mal schauen!

Welches Alter? Vorschulkinder, Kinder
Wie viele? Bis 20
Wie lange? 45 Minuten
Womit? Eventuell Kescher, Küchensieb, Becherlupen

Mit Vorschulkindern besuchen wir einen Weiher und beobachten gemeinsam alle Tiere, auf die wir dort treffen. Von was lebt die Schlammschnecke auf den Wasserpflanzen, wie bewegt sie sich fort, wie sieht das Schneckenhaus aus? Kennen die Kinder noch anders geformte Schneckenhäuser?

Gemeinsam sucht man nach den Fröschen – oder hört man sie etwa schon? Frösche sind weit zu hören, denn der so genannte Schallsack verstärkt das „Quaken". Nur die männlichen Frösche qua-

ken, um ein Weibchen anzulocken. Der Laubfrosch soll aber angeblich auch quaken, wenn das Wetter schlechter wird! Wir beobachten Kamm-Molche, die im Weiher nach Luft schnappen. Kammmolche leben gerne in warmen, aber tiefen Tümpeln und Weihern. Auf ihrem Rücken kann man einen gezackten Kamm erkennen. Sofort schlängeln sich die Kammmolche aber wieder nach unten.

> *Fantastische Tiere*
> Tiere oder Insekten, die wir auf unserer Entdeckungstour nicht sofort bestimmen können, beobachten wir eine Weile bei ihrem Tun und geben ihnen dann lustige Fantasienamen. Schon mal eine Schnorchelwanze gesehen?

Tiere am Wasser

Welches Alter? Kinder und Jugendliche
Wie viele? Bis 30
Wie lange? 45 Minuten
Womit? Eventuell Kescher, Küchensieb, Becherlupen

Tümpel und Weiher sind ein Eldorado für kleine und große Tierforscher! Wir setzen uns ruhig an den Uferrand und warten, welche Tiere und Insekten angekrochen, angeflogen oder gehüpft kommen.

Der grüne Laubfrosch, ein begeisterter Kletterer, versteckt sich zwischen den Wasserpflanzen im Randbereich des Weihers. Ab und zu klettert er an ihnen hoch, um Ausschau zu halten. Die Finger und Zehen der Laubfrösche sind an den Enden zu Haftscheiben erweitert. Mit diesen können sich die Frösche an den

Spannend für Groß und Klein ist eine Expedition an den Teich.

Gräsern festhalten. Selbst wenn sie mit dem Kopf nach unten schauen, fallen sie nicht herunter!

Mit schlängelnden Schwanzbewegungen steigt ein Teichmolch aus dem Wasser, um Luft zu holen. Molche leben nicht das gesamte Jahr über im Wasser, sondern lediglich zur Paarungszeit. Danach gehen sie wieder an Land.

Auf der Wasseroberfläche rudert ein Rückenschwimmer. Wie der Name schon sagt, schwimmt dieses Insekt auf dem Rücken, der Bauch schaut dabei aus dem Wasser heraus. Wie bei einem Luftkissenboot ist im Bauch sein Luftvorrat. Sobald er nicht mehr mit seinen Beinen

Weit zu hören: Ein Froschmännchen lockt Weibchen an.

rudert, hält ihn der mit Luft gefüllte Bauch über Wasser. Aber Vorsicht: Rückenschwimmer besitzen auch einen Stechrüssel, weshalb ihr Stich fühlbar schmerzen kann.

Auch an der Unterseite der Wasseroberfläche leben Tiere, so zum Beispiel die Larven und Puppen bestimmter Stechmücken. Halten diese sich mit den kleinen Haarbüscheln an ihren Atemröhren von unten an der Wasseroberfläche fest, so werden durch die Oberflächenspannung die Haare gespreizt und die Atemröhre wird geöffnet. Tauchen sie ab, so schließen sich die Haarbüschel. Weiher und Tümpel bieten eine Vielfalt an bemerkenswertesten Insekten!

Mit dem Kescher fangen wir deshalb im Wasser und Schlamm diese Kleinlebewesen und lassen sie danach in ein weißes, mit Wasser gefülltes Behältnis gleiten. In einem weißen Gefäß sieht man die Insekten nicht nur besser, hieraus können wir sie mit dem Becher der Becherlupe auch vorsichtig herausfischen, um sie dann mit der Lupe genauer zu betrachten. Mit einem Bestimmungsbuch lässt sich die Art und die Lebensweise der Insekten genau ermitteln.

Die gefangenen Tiere bringen wir am Schluss wieder ins Wasser zurück. Dabei taucht man die Becher mit den Tieren ins Wasser hinein und lässt die Tiere behutsam hinausgleiten.

Wo sind wir zuhause?

Welches Alter? Kinder und Jugendliche
Wie viele? Bis 30
Wie lange? 15 Minuten
Womit? Fünf Aktionskärtchen, auf denen verschiedene Lebensräume vermerkt sind

Unser Wissen über Wassertiere und deren Lebensraum lässt sich durch folgende Spielvariante vertiefen: Fünf Mitspielern wird ein Aktionskärtchen auf den Rücken geheftet, auf dem jeweils ein Lebensraum von Wassertieren steht. „Unter einem Stein“, „am Stängel einer Wasserpflanze“, „im Uferbereich“ oder einfach nur „im Schlamm“. Natürlich wird der zu suchende Standort dem Träger des Aktionskärtchens nicht verraten. Nun nennen alle weiteren Mitspieler je ein Tier, welches im oder am Wasser, im Schlamm oder eben an einer Wasserpflanze lebt und stellen sich dann gleich hinter die Person, die diesen Tieren „Lebensraum“ bietet. Kann ein bestimmtes Tier an verschiedenen Orten leben, so sucht es sich „seinen“ Lieblingsort aus. Haben sich alle Personen einem Lebensraum zugeordnet, so müssen die „Lebensräume“ ihren Namen herausfinden. Dazu können auch Fragen an die Tiere gestellt werden, die aber nur mit „Ja“ oder „Nein“ beantwortet werden dürfen.

Wollen wir das Spiel noch etwas erschweren, so schreiben die „Tiere“ ihren Namen nur auf einen Zettel, falten diesen zusammen und stellen sich, ohne ihren Namen zu sagen, zu ihrem Lebensraum. Nun muss die Person, die den Lebensraum darstellt, zuerst durch Fragen herausfinden, welche Tierchen sie beherbergt, bevor sie ihren eigenen Namen herausfinden kann.

Variante
Das gleiche Spiel lässt sich natürlich anstatt mit Tieren auch mit Pflanzen verschiedener Lebensräume spielen.

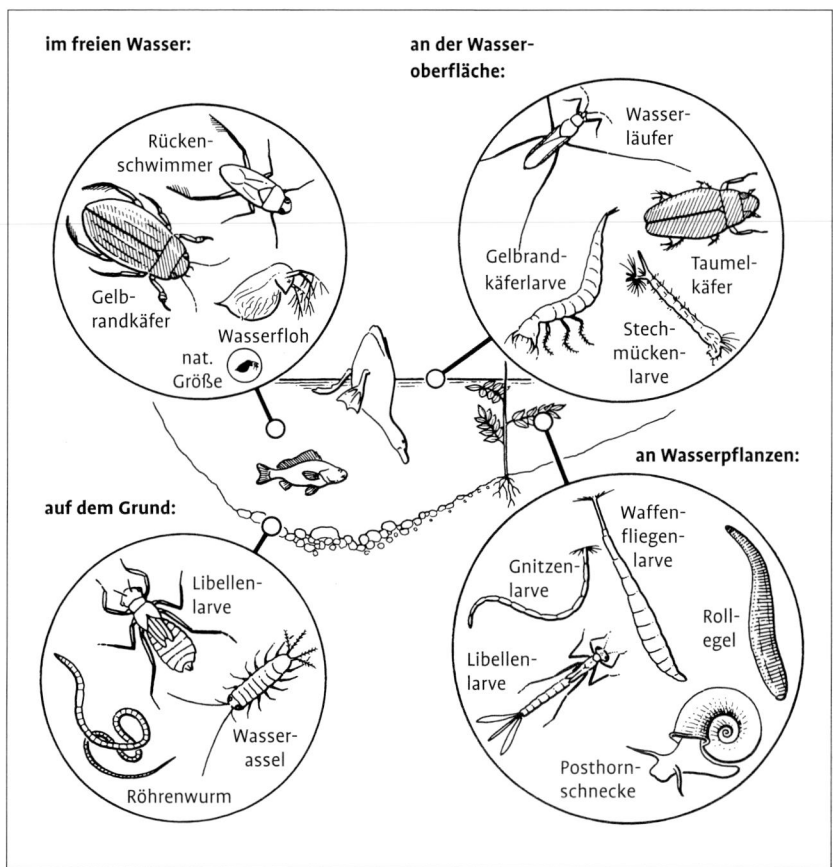

im freien Wasser:

an der Wasseroberfläche:

Rückenschwimmer

Wasserläufer

Gelbrandkäfer

Wasserfloh nat. Größe

Gelbrandkäferlarve

Taumelkäfer

Stechmückenlarve

an Wasserpflanzen:

auf dem Grund:

Libellenlarve

Waffenfliegenlarve

Gnitzenlarve

Rollegel

Libellenlarve

Wasserassel

Posthornschnecke

Röhrenwurm

Verschiedene Wassertiere in ihrem Lebensraum.

Wer frisst wen?

Welches Alter? Vorschulkinder, Kinder und Jugendliche
Wie viele? Bis 30 (auch in Kleingruppen möglich)
Wie lange? 30 Minuten
Womit? Eventuell Bestimmungsliteratur, ein Knäuel Wolle

Auf dem Grund des Tümpels schleicht sich die räuberische Libellenlarve an einen Schlammwurm heran. Mit der so genannten Fangmaske, die in Sekundenschnelle eine Art Fangarm ausstrecken kann, fängt sie ihre Nahrung wie zum Beispiel Würmer oder auch Wasserflöhe. Die erwachsenen Libellen sind ebenfalls gefürchtete Jäger, die ihre Beute direkt

161

im Flug ergreifen. Zu ihrer Leibspeise gehören Stechmücken und Fliegen, aber auch andere Insektenarten. Aber auch die Libellen sind Teil der Nahrungskette. Rückenschwimmer fressen gern und viel, und Libellenlarven stehen oft auf ihrem Speiseplan.

In Kleingruppen sollen die Kinder und Jugendlichen am Rande eines Tümpels oder Weihers beobachten, wer auf wen Jagd macht. Danach werden die Beobachtungen zusammengetragen und gemeinsam besprochen. Abschließend lässt sich eine Nahrungskette daraus entwickeln: Dazu nehmen wir einen großen Knäuel Wolle und stellen uns im Kreis auf. Der Spielleiter hält das Knäuel und spricht: „Ich bin eine Kaulquappe, wer frisst mich?". Wer die richtige Antwort gibt, bekommt die Schnur zugeworfen, wobei das Ende festgehalten wird. Nun wird weiter gefragt. Es sind auch Fragen möglich wie „Was fresse ich, wo verstecke ich mich?" usw. Beim Weiterwerfen halten wir immer die Schnur fest, so dass ein Netz entsteht. Zum Schluss zieht jemand an der Schnur in seiner Hand und alle, die den Zug spüren, sind an der Nahrungskette dieses Tieres oder dieser Pflanze direkt beteiligt.

Wo sind die Stillgewässer?

Welches Alter? Kinder und Jugendliche
Wie viele? Bis 30 (auch in Kleingruppen)
Wie lange? Beliebig
Womit? Eventuell alte Karten oder Fotos

Alte Karten, Fotos und anderes Bildmaterial belegen es: In den letzten Jahrzehnten sind viele Stillgewässer „still" und heimlich aus dem Landschaftsbild verschwunden. Sie wurden zugeschüttet, sind zum Teil verlandet oder überbaut worden. Mit dem Landschaftswandel ändern sich aber auch die Lebensbedingungen der Tier- und Pflanzenarten drastisch.

Gemeinsam machen wir uns auf die Suche nach Veränderungen in der Landschaft. Wo gab es vor ein paar Jahrzehnten oder Jahren noch größere Stillgewässer, was ist aus diesen geworden? Was ist der Grund für den Rückgang der Stillgewässer? Es sollte auch überlegt werden, ob nicht gemeinsam mit der Naturschutzverwaltung noch bestehende größere naturbelassene Weiher und Tümpel gemeinsam erhalten oder eventuell Ersatz-Stillgewässer angelegt werden sollten.

Was macht Stillgewässern das Leben schwer?
- Überdüngung durch eingeschwemmte Nähstoffe
- Anreicherung mit Pflanzenschutzmitteln und Abwässern
- Auffüllung der Gewässer mit Schutt, Müll und Aushub
- Versiegelung und Verbauung der Ufer
- Grundwasserabsenkungen
- Einsetzen von Nutz- und Zierfischen
- Störungen und Uferbeschädigungen durch Erholungs- und Sportbetrieb
- Umgestaltung von Dorfteichen zu Zierteichen und Springbrunnen
- ausgebaute Randzonen, die mit gebietsfremden Gehölzen und Bodendeckern bepflanzt werden

Libellenforscher

Welches Alter? Jugendliche
Wie viele? Bis 30 (auch in Kleingruppen
möglich)
Wie lange? Beliebig
Womit? Bestimmungsliteratur, Kescher

Mit ihrem grazilen, prächtig schillernden Körper, den glashellen Flügeln und den großen Netzaugen gehören Libellen zu den faszinierendsten heimischen Insekten. Besonders an warmen Sommertagen kann man diese beeindruckenden Luftakrobaten bei ihrer Jagd über die Wasserfläche gut beobachten und bestimmen.

Das Weibchen legt seine rundlichen Eier entweder ins Wasser, in den Schlamm oder direkt an ein Blatt einer Wasserpflanze. Aus den Eiern schlüpfen die Larven. Diese entwickeln sich über mehrere Jahre im Wasser und ernähren sich dort von Würmern und Fliegenlarven, Wasserflöhen und manchmal auch von Kaulquappen. Sobald die Libellenlarve ausgewachsen ist, verlässt sie das Wasser und verwandelt sich nach ein paar Tagen in eine Libelle. Die verlassene Larvenhaut nennt man Exuvie. Diese können zur Bestimmung des Libellenbestandes an einem Gewässer herangezogen werden.

In Mitteleuropa leben etwa 80 bis 100 verschiedene Libellenarten. Alle etwa 80 Libellenarten, die bei uns heimisch sind, gehören zu den besonders geschützten Tierarten. Libellenforscher (Odonatologen) haben deshalb eine verantwortungsvolle Aufgabe. Sie dürfen zwar Libellen (vorsichtig!) fangen, um sie zu bestimmen, müssen sie aber danach sofort wieder freilassen. Wer Libellen

Hübsch und gar nicht gefährlich sind Libellen!

über einen längeren Zeitraum beobachten möchte, sollte mit der Naturschutzbehörde Kontakt aufnehmen.

Am besten macht man den ersten Beobachtungsgang gemeinsam mit einem Naturschutzbeauftragten. Diese Experten können Informationen geben über

– Bestimmungsmöglichkeiten von Libellen,
– die häufigsten Arten in der Umgebung,

163

– die geeignetsten Beobachtungs-
  zeiträume und vor allem
– den verantwortungsvollen Umgang
  mit Libellen bei der Bestimmung.

■ Für Bastler

Wasserläufer selbst gebaut

Welches Alter? Vorschulkinder, Kinder
Wie viele? Bis 30 (auch in Kleingruppen
möglich)
Wie lange? 30 Minuten
Womit? Korken, Klebstoff, Natur-
materialien

Wasserläufer sind dunkel gefärbte, etwa
1 cm große Insekten mit einem stäb-
chenförmigen Körper und sechs langen
Beinen. Sie besitzen eine ganz besondere Fähigkeit, denn sie leben auf der
Wasseroberfläche. Da sie nur ein
geringes Körpergewicht aufweisen und
ihre Mittel- und Hinterbeine unbenetz-
bar sind, durchbrechen sie die Oberflächenspannung des Wassers nicht.

Aus einem Flaschenkorken und etwas
Naturmaterial lässt sich ein Wasserläufer schnell nachbauen. Dazu bohren wir
mit einem Taschenmesser kreisförmig
sechs Löcher für die Beine in die Unterseite des Korkens.

Scheinbar schwerelos flitzt der Wasserläufer über die Teichoberfläche.

Aus Bucheckern und kleinen Beeren können wir den Kopf und die Augen und aus Blättern die Flügel basteln. Kopf und Flügel werden mit etwas Klebstoff am Kork-Körper befestigt. Für die Beine verwendet man sechs gleich lange stabile Binsenhalme. Diese steckt man in die vorgebohrten Löcher. Als Füße dienen kleine Rindenstückchen, die an die Beine geklebt werden. Nun kann das Gehen auf dem Wasser erprobt werden. Vielleicht sollte der Wasserläufer seinen Spaziergang übers Wasser aber erst einmal in einer kleinen Wanne ausprobieren!

Kescher Marke Eigenbau

Welches Alter? Vorschulkinder, Kinder und Jugendliche
Wie viele? Bis 30 (auch in Kleingruppen möglich)
Wie lange? 30 Minuten
Womit? Ein alter Perlonstrumpf (ohne Löcher!), ein verbiegbarer Drahtbügel oder fester Draht, eine Holzstange und etwas feste Schnur oder Draht, Nadel und Faden

Um Wasserinsekten zu fangen, brauchen wir öfters einen Kescher. Diese Geräte muss man nicht kaufen, man kann sie auch einfach und günstig selbst herstellen. Wir brauchen dazu einen alten Perlonstrumpf, einen Drahtbügel und eine Holzstange. Aus dem Drahtbügel formen wir einen Kreis mit einem Durchmesser von 20 bis 25 cm. Der Perlonstrumpf wird nun über den Drahtbügel geschlagen und am Rande festgenäht. Danach befestigen wir den Drahtbügel mit einer Schnur, oder noch besser einem haltbaren Draht, an der Holzstange.

Statt eines Perlonstrumpfes lässt sich auch ein feiner Netzstoff (zum Beispiel Baumwollgaze) verwenden. Der Stoff muss dann zuerst schlauchförmig zusammengenäht werden. Er wird dann so wie der Seidenstrumpf am Drahtbügel befestigt.

Matsch-Bilder

Welches Alter? Vorschulkinder, Kinder und Jugendliche
Wie viele? Bis 30
Wie lange? Beliebig
Womit? Sand, Wasser, Kleister, Fingerfarben, Gefäß zum Mischen, fester Karton als Unterlage

Aus Sand oder feinkörniger Erde, Wasser, Kleister und Fingerfarben können die witzigsten Matsch-Bilder hergestellt werden. Zuerst mischt man dafür Sand, Wasser und Kleister, bis ein etwas dickerer Brei entsteht. Diesen streicht man auf die Unterlage, beispielsweise auf einen festen Karton. Ob man nun die Wellen des Sees, die bunten Steine oder die Tiere im Wasser darstellen will, entscheidet jeder selbst. Mit der Fingerfarbe, die entweder direkt oder mit einem Pinsel vorsichtig aufgetragen wird, bekommen die Bilder den letzten Pfiff. Die Bilder brauchen je nach Feuchtigkeitsgehalt einige Tage zum Trocknen.

> *Variante*
> Verwendet man statt Sand feinkörnige Erde, so sind die Bilder später etwas bräunlich gefärbt.

Bach – Leben in der Strömung

Im Reich von Forelle und Flohkrebs

Carla und Anna liegen am Bachufer und schauen in das klare, sprudelnde Nass. Mit Moos und Algen bewachsene Steine bringen das heranrauschende Wasser zum Hüpfen und Springen. Da! Carla zuckt zusammen – eine Bachforelle schaut scheinbar neugierig zu den beiden Kindern herüber. „Hallo Forelle!" ruft Anna, aber diese ist schon wieder weggeflitzt. Sie blieb nur scheinbar ruhig in der Strömung „stehen", solange sie auf Beute im Wasser lauerte. Jetzt hat sie sich wieder zwischen den Steinen im Bach versteckt! Plötzlich kommt ein kleiner roter Ball mit dem Wasser angeschwommen. Ein Kind, das am Bach gespielt hat, hat diesen wohl verloren, der Ball rollte schließlich in den Bach und wurde mit dem Wasser fortgetragen. Anna und Carla fischen den Ball aus dem Wasser heraus. Beide überlegen sich: Wo wohnt wohl das Kind, dem der Ball gehört, und wo kommt der Bach eigentlich her? Wohin wäre die Reise des Balles weitergegangen, hätten sie ihn nicht entdeckt?

Die beiden Kinder stehen auf und laufen ein Stück in die Richtung, aus der der Ball angetrieben kam. Um zum Ursprung des Baches zu kommen, müssten sie vielleicht gar nicht so weit laufen. Denn die Bachforelle, die sie zuvor getroffen hatten, lebt nur im kalten, schnell fließenden Gewässer. Und da in aller Regel das Gefälle eines fließenden Gewässers von der Quelle bis zur Mündung hin abnimmt, sinkt damit auch gleichzeitig seine Fließgeschwindigkeit.

Bäche lassen sich in unterschiedliche Abschnitte einteilen:

Im **Quellgebiet** treten vor allem Pflanzen- und Tierarten auf, die sich an das kühle, sauerstoffreiche, nährstoffarme Wasser gewöhnt haben. Dazu gehören Seggen, Binsen, Bachbunge, Scharfes Schaumkraut und Wasserstern. Aber auch die Larven des Feuersalamanders oder der Schwimmkäfer fühlen sich hier wohl.

Im **Oberlauf**, wo der Bach aufgrund des stärkeren Gefälles höhere Fließgeschwindigkeiten erreicht, suchen viele kleine Lebewesen unter Steinen und Pflanzenteilen Schutz: Strudelwürmer, Bachflohkrebse oder Larven der Köcherfliege. Auch die Bachforelle liebt dieses sauerstoffreiche, schnellfließende Wasser.

Im **Mittellauf** schlängelt sich der Bach in Mäandern, das heißt in Kurven und Windungen, durch das Tal. Ein Gehölzstreifen aus Erlen, Eschen und Weiden sorgt für die Beschattung des Gewässers und für die Befestigung der Ufer. Fische wie die Äsche und in nährstoffreicheren Bachabschnitten die Barbe und Brachse kennzeichnen die verschiedenen Bachregionen. Hier suchen Wasseramsel und Eisvogel nach Nahrung.

Im **Unterlauf** ist aus dem sprudelnden Wildbach ein mehr träge fließendes Gewässer geworden; ein üppiger Bewuchs

Steht oft am Bachofer: Der Blut-Weiderich zieht Schmetterlinge magisch an.

der Gewässergüte. In unbelasteten Bächen finden sich zum Beispiel die Larven von Stein- und Köcherfliegen, in belasteten Bächen dagegen Larven von Roter Zuckmücke und der Mistbiene, einer Schwebfliegenart (Rattenschwanzlarve). Geeignete Leittierarten sind aber auch Vögel und Fische. Auf den in seiner Existenz stark gefährdeten Eisvogel trifft man beispielsweise nur noch selten. Voraussetzungen für sein Auftreten sind sauberes, nahrungsreiches Wasser und ein ausgeprägter und abwechslungsreicher Uferbewuchs. Auch die Bachforelle reagiert sehr empfindlich auf Umweltstörungen jeder Art. Warmes Wasser mit niedrigem Sauerstoffgehalt bekommt ihr nicht.

■ Für Entdecker

Vorsicht Graureiher!

Welches Alter? Vorschulkinder, Kinder
Wie viele? 10 bis 20
Wie lange? 15 Minuten
Womit? Ein Schwungtuch

Für dieses Spiel benötigt man ein Schwungtuch. Dieses runde Tuch aus reißfestem Segelstoff und mit einem Durchmesser von 5 bis 8 m gibt es im Spielwaren-Fachhandel. Ebenfalls geeignet und preisgünstiger sind alte Fallschirme, die manchmal bei karitativen Verbänden erstanden werden können.

Die Kinder bilden einen Kreis um das Schwungtuch herum und halten es 50 bis 60 cm hoch locker über den Boden. Fünf bis sechs Kinder kriechen unter das Tuch und spielen die Fische, das heißt sie krabbeln auf allen Vieren unter dem

kennzeichnet den Reichtum an Nährstoffen.

Naturnahe Bäche mit ihren Uferzonen bieten einer besonders vielfältigen Flora und Fauna Lebensraum, denn – ähnlich dem Waldrand – verzahnen sich am Rande des Gewässers verschiedene Biotope miteinander. So leben die Larven vieler Insekten auf der Bachsohle unter den Steinen, die ausgewachsenen Insekten dagegen am Uferrand.

Viele dieser Wasserorganismen dienen als Bioindikatoren für die Bestimmung

Tuch herum. Ein Kind spielt den gefräßigen Graureiher, der nach den Fischen Ausschau hält. Es steigt auf das Tuch – ohne auf einen Fisch zu treten! – und versucht, einen Fisch zu fangen. Damit ihm das aber nicht so einfach gelingt, bewegen die Kinder im Außenkreis das Schwungtuch auf und ab, so dass ständig Wellen – ruhigere und stürmischere – entstehen. Gefangene Fische müssen unter dem Tuch hervorkommen.

Dem Bach lauschen

Welches Alter? Vorschulkinder, Kinder und Jugendliche
Wie viele? Bis 30
Wie lange? 15 Minuten
Materialien: Keine

Um die Geräusche am Bach bewusster wahrzunehmen und gleichzeitig unseren Hörsinn zu schärfen, schleichen wir uns langsam an ein naturnahes Bachufer heran. Jeder sucht sich einen bequemen Platz zum Hinsetzen und schließt die Augen. Nun lauschen wir etwa 10 Minuten den Geräuschen, die uns umgeben. Während dieser Zeit soll nicht gesprochen werden. Danach darf jeder erzählen, welches Geräusch ihn am meisten beeindruckt oder ihm am besten gefallen hat.

Bootsrennen

Welches Alter? Vorschulkinder, Kinder und Jugendliche
Wie viele? Bis 30
Wie lange? 10 Minuten
Womit? Naturmaterialien wie Äste, Blätter, Zweige etc.

In diesem Spiel werden die unterschiedlichen Strömungen und Wirbel eines Baches beobachtet. Dazu lässt man Blätter oder Hölzchen eine vorher abgesteckte „Rennstrecke" im Bach treiben und bespricht die dabei gewonnenen Beobachtungen. Wie viele Boote kommen ans Ziel? Welches ist das schnellste Boot?

Wer Wasser verschwendet, verliert!

Welches Alter? Kinder und Jugendliche
Wie viele? Bis 32
Wie lange? 30 Minuten und länger
Womit? Ein mit Wasser gefüllter Luftballon, ein Seil, Handtücher: je 2 Mitspieler erhalten ein Handtuch oder ein anderes reißfestes Tuch

Dieses Wettspiel, das man nach den Regeln des Spiels „Ball über die Schnur" spielt, eignet sich besonders für heiße Sommertage. Dabei wird die Gruppe in zwei Mannschaften geteilt. Die Spielleiter halten die Schnur, über die der mit Wasser gefüllte Ballon geworfen werden soll. Auf den Spielflächen stellen sich jeweils zwei Kinder zusammen und halten gemeinsam ein Handtuch an den Ecken fest. Der mit Wasser gefüllte Ballon darf lediglich mit Hilfe des Tuches über das Seil geworfen werden. Die beiden Kinder, die das Tuch halten, müssen zusammenarbeiten und das Tuch im richtigen Moment anspannen und führen, damit der Wasserballon in die gewünschte Richtung zurückfliegt. Die Mannschaft, bei der der Wasserballon am häufigsten auf den Boden fällt und dabei sogar platzt, hat Wasser verschwendet und damit verloren.

■ Für Spürnasen

Wasser-Sparer

Welches Alter? Vorschulkinder, Kinder und Jugendliche
Wie viele? Bis 30
Wie lange? 1 bis mehrere Stunden
Womit? Mehrere Eimer mit 10 l Inhalt, Zeichen- und Malbedarf

In der Gruppe schätzt jeder für sich selbst, wie viel Wasser er pro Tag verbraucht. Kleineren Kindern geben wir zur Hilfe 10-Liter-Eimer zur Verdeutlichung der Menge und lassen sie dann die Anzahl der Eimer schätzen. Die genannten Zahlen werden anschließend miteinander verglichen. Danach versuchen wir, an einem Tag die Menge Wasser abzumessen, welche wir insgesamt oder aber auch bei bestimmten Tätigkeiten, zum Beispiel beim Waschen, beim Geschirr spülen, beim Pflanzen gießen, beim Wäsche waschen verbrauchen. Im Kindergarten reicht auch die Menge des Wassers im Kindergarten aus, die zur Herstellung von Tee, zum Händewaschen, zum Malen verbraucht wird. Um wie viel weicht der tatsächliche Wasserverbrauch vom geschätzten ab? Wo wäre es möglich, Wasser einzusparen? Dazu malen oder gestalten wir ein „Wasser-Spar-Plakat" und hängen es gut sichtbar auf.

Das Bach-Modell

Welches Alter? Vorschulkinder, Kinder und Jugendliche
Wie viele? Bis 20; es wird in Kleingruppen gearbeitet
Wie lange? 1 Stunde und länger

Womit? Eventuell Papier und Stifte, Abbildungen typischer Bachverläufe; ansonsten lehmiger, schlammiger Boden, Wasser, eine Plastikwanne; am besten eignet sich eine größere Wanne mit einer Grundfläche von 50 × 80 cm, in der das Bach-Modell auch transportiert werden kann

Aus Schlamm, lehmigem Boden oder Ton bilden wir gemeinsam einen Bachverlauf von der Quelle bis zum Unterlauf möglichst naturgetreu nach. Gemeinsam mit der Gruppe wandert man eine längere Strecke entlang des Baches. Der Spaziergang gibt den Kindern und Jugendlichen die Möglichkeit, den Bach mit all seinen Elementen genau wahrzunehmen oder kleine Skizzen anzufertigen. Danach soll ein Bach mit all seinen Abschnitten und Gestaltungselementen im Modell nachgebaut werden. Zur Unterstützung können auch Abbildungen typischer Bachverläufe als Vorlage gezeigt werden.

> **Tipp: Langzeitmodell**
> Soll das Modell längerfristig im Unterricht benutzt werden, empfiehlt sich die Verwendung von Ton. Das Modell kann im Freien oder im Werkunterricht gebaut werden.

Krabbeltiere im Bach

Welches Alter? Kinder und Jugendliche
Wie viele? Bis 30 (auch in Kleingruppen)
Wie lange? Etwa 30 Minuten
Womit? Kescher, feine Pinsel, Becherlupen, weiße, mit Wasser gefüllte Behältnisse

Im Bach zu leben kann ganz schön anstrengend sein: Mit Saugnäpfen,

Haken und anderen Tricks muss sich so ein Wassertier festhalten, will es nicht mit der Strömung fortgespült werden! Kriebelmücken halten sich mit Saugnäpfen, Lidmücken (Netzflügelmücken) mit Haftschalen an den Steinen fest. Stein-, Eintags- und einige Köcherfliegenlarven benutzen dazu Haken und Borsten. Sogar Klebabsonderungen und Spinnfäden haben sich bestimmte Köcherfliegenlarven und Lidmückenpuppen einfallen lassen, um nicht mit der Strömung fortgerissen zu werden.

Um die im und am Bach lebenden Insekten und Kleinlebewesen genauer zu betrachten, fangen wir aus verschiedenen Bereichen des Bachverlaufes, beispielsweise in Bereichen mit starker oder schwacher Strömung, im Schlamm oder unter den Steinen, verschiedene Kleinlebewesen. Vorsichtig streichen wir die Wassertiere mit einem feinen Pinsel von den Steinen ab oder lassen sie aus den Keschern vorsichtig in die mit Wasser gefüllten Behältnisse gleiten. Nach dem Bestimmen und genauen Beobachten bringen wir die Tiere wieder vorsichtig ins Wasser zurück oder setzen sie wieder in ihren Lebensraum am Bachufer oder unter den Steinen.

Ein Besuch am Bach lohnt sich auch im Winter.

Insekten in schnell und langsam fließenden Bächen

Köcherfliegen auf den Steinen am Bachufer: Sie erinnern mit ihren stark behaarten, beschuppten Flügeln an Schmetterlinge und sind mit diesen auch nah verwandt. Sie sind aber sehr viel unauffälliger als diese. Ihre Flügelspannweite beträgt bis zu 3 cm. Die Larven der Köcherfliegen sind sehr interessant. Sie leben im schnell fließenden Wasser und kriechen dort auf den Stei-

nen umher. Um nicht von der Strömung mitgerissen zu werden, krallen sie sich mit „Fußkrallen" regelrecht an den Steinen fest. Zur Verpuppung bauen sich die Larven aus feinen Steinchen, Holzstücken oder Pflanzenresten, die sie aneinanderkleben, eine schützende Röhre, den so genannten Köcher. In ihm verpuppen sie sich dann unter Wasser.

Steinfliegen sind recht unbeholfene Flieger und halten sich meist auf Steinen in Gewässernähe auf. Sie sind dunkel gefärbt und ihre Flügel liegen im Ruhezustand waagrecht über dem Hinterleib. Steinfliegen erkennt man an den zwei Schwanzborsten am Körperende. Ihre Larven leben im klaren, schnell fließenden Gewässer unter Steinen – sie häuten sich aber außerhalb des Baches auf Steinen. Die Steinfliegenlarven extrem flach und behaupten sich so gut gegen die Strömung.

Eintagsfliegen stellen in der Ruhelage ihre durchsichtigen Flügel senkrecht nach oben. Daran sind sie gut zu erkennen. Wie der Name schon sagt, leben die erwachsenen Eintagsfliegen nur wenige Stunden bis Tage.

Eintagsfliegenlarven: Eintagsfliegenlarven sind gut an den drei Schwanzborsten am Körperende zu erkennen. Da sie sich im Wasser frei bewegen, sind sie extrem flach.

Sie benutzen die Schwanzanhänge, um sich bei starker Strömung an den Untergrund zu drücken. Eintagsfliegenlarven leben monatelang im klaren, fließenden Wasser. Die ausgewachsenen Fliegen leben dagegen nur wenige Stunden oder Tage.

Wo **Wasserasseln** auftreten, ist es um die Qualität des Wassers nicht so gut bestellt. Wasserasseln leben in langsam fließenden Gewässern auf dem Grund und ernähren sich von abgestorbenem Laub und Pflanzenteilen.

Zuckmücken treten oft massenhaft in Flussniederungen oder Seengebieten auf. Wie die Eintagsfliegen leben sie nur wenige Tage. Die erwachsene Zuckmücke wird 13 mm lang. Die Männchen erkennt man gut an ihren borstigen Antennen.

Zuckmückenlarven: Die roten Zuckmückenlarven dienen Anglern als Köder. Die Larven findet man in sehr sauerstoffarmen, langsam fließenden Gewässern. Dort bauen sie ihre meist U-förmigen Gespinströhren. Die erwachsenen Zuckmücken treten in Schwärmen in Bachauen auf. Im Gegensatz zu den Kriebelmücken stechen sie aber nicht.

Die erwachsene weibliche **Kriebelmücke** ist uns allen wohlbekannt, denn sie saugt nicht nur an Vögeln und Säugern, sondern auch an uns Menschen Blut. Kriebelmückenlarven erkennt man sehr gut an den zwei ausklappbaren, kammartigen Borstenfächern am Kopf. Sie

Steinfliegenlarven sind nur in ganz sauberen Gewässern zu finden.

leben ausschließlich in Bächen und Flüssen mit guter Sauerstoffversorgung. Die Larve sitzt auf Steinen und hält sich dort mit ihren Haftscheiben fest. Mit ihrem Borstenfächer filtert sie Bakterien und Algen aus dem Wasser.

Wie gut ist das Wasser?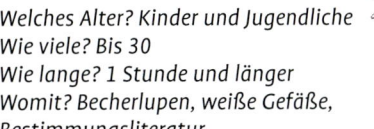

Welches Alter? Kinder und Jugendliche
Wie viele? Bis 30
Wie lange? 1 Stunde und länger
Womit? Becherlupen, weiße Gefäße,
Bestimmungsliteratur

Die roten Schlammröhrenwürmer leben in stark verschmutzten Bächen.

Eine Beurteilung der Gewässergüte kann auf biologischem und chemischem Wege erfolgen. Biologische Wasseranalysen beruhen zum Beispiel auf dem Vorhandensein oder Fehlen bestimmter Wasserorganismen. So weisen die Larven der Stein- und Eintagsfliegen auf ein unbelastetes oder zumindest nur sehr gering belastetes Gewässer hin. Bachflohkrebse, Köcherfliegenlarven, Strudelwürmer und Posthornschnecken finden sich in mäßig belasteten Gewässern. Treten Wasserasseln, Egel oder die Larven der Waffenfliege auf, handelt es sich dagegen um stark verschmutzte Gewässer. Und schließlich zeigen Schlammröhrenwürmer, Rote Zuckmückenlarven und Rattenschwanzlarven (Larven der Mistbiene, einer Schwebfliegenart) übermäßig verschmutzte Gewässer an.

Mit Kescher, Netz oder Küchensieb geht man auf die Suche nach Kleinlebewesen, die im Wasser, unter den Steinen oder im Schlamm leben. Um die Tiere in Ruhe bestimmen zu können, gibt man sie vorsichtig in die mit Wasser gefüllten Gefäße. Nach der Bestimmung und

genauen Beobachtung der Kleinlebewesen lassen sich gemeinsam Rückschlüsse auf die Wasserqualität des Baches ziehen.

Tipp: Malübung
Ist genügend Zeit vorhanden, können die Kinder und Jugendlichen die Kleinlebewesen auch abzeichnen, um sich diese besser einzuprägen. Danach trägt man die Tiere wieder vorsichtig an ihren Fundort zurück.

Wer wohnt am Ufer?

Welches Alter? Kinder und Jugendliche
Wie viele? Bis 30
Wie lange? 1 bis 3 Stunden
Womit? Übersichtskarte, Karte des Uferabschnittes, welcher kartiert werden soll; Papier, Stifte, Bestimmungsliteratur, Klebepunkte, Schnur, Karton

Durch genaues Beobachten des Pflanzenbestandes eines Gewässerufers ler-

Wasserqualität:

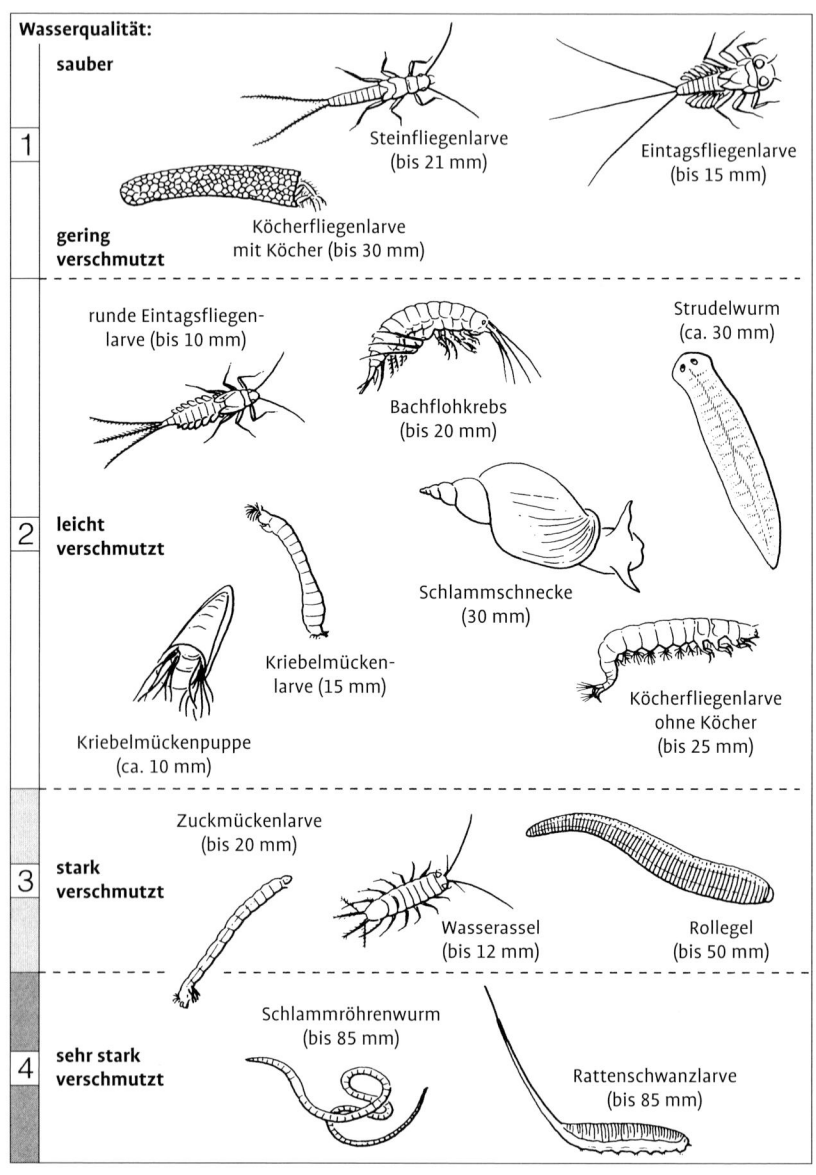

sauber

1

Steinfliegenlarve
(bis 21 mm)

Eintagsfliegenlarve
(bis 15 mm)

**gering
verschmutzt**

Köcherfliegenlarve
mit Köcher (bis 30 mm)

runde Eintagsfliegen-
larve (bis 10 mm)

Strudelwurm
(ca. 30 mm)

Bachflohkrebs
(bis 20 mm)

2

**leicht
verschmutzt**

Schlammschnecke
(30 mm)

Kriebelmücken-
larve (15 mm)

Köcherfliegenlarve
ohne Köcher
(bis 25 mm)

Kriebelmückenpuppe
(ca. 10 mm)

Zuckmückenlarve
(bis 20 mm)

3

**stark
verschmutzt**

Wasserassel
(bis 12 mm)

Rollegel
(bis 50 mm)

Schlammröhrenwurm
(bis 85 mm)

4

**sehr stark
verschmutzt**

Rattenschwanzlarve
(bis 85 mm)

Diese Kleinlebewesen zeigen uns, wie sauber das Wasser ist, in dem sie leben.

nen Kinder und Jugendliche diesen Lebensraum besser kennen. Aus diesem Grund soll zusammen eine kleinere Fläche am Gewässerrand kartiert werden. Da Kartieren einige Übung und vor allem viel Konzentration erfordert, sollte zu Beginn nur in Kleingruppen gearbeitet werden.

Auf der Grundlage von geeignetem Kartenmaterial wird zuvor eine einfache Übersichtskarte erstellt. Jede Kleingruppe erhält nun den Teil dieser Übersichtskarte, den sie anschließend kartieren soll. Um sich besser orientieren zu können, erhält jede Kleingruppe aber auch einen gesamten Übersichtsplan, auf dem das jeweilige Teilstück eingezeichnet wurde. Die Größe des Teilstücks, das kartiert werden soll, hängt vom Alter der Kinder oder Jugendlichen, vom Biotop und natürlich von der Zeit, die zur Verfügung steht, ab. Die Fläche sollte zwischen 2 und 10 m^2 betragen. Man sollte auch darauf achten, dass die einzelnen Untersuchungsflächen auffällig abgesteckt werden, damit es zu keinen Überschneidungen kommt.

Die Kleingruppen sollen nun zuerst möglichst viele verschiedene Pflanzen (von jeder Art nur eine pflücken und vor allem zuvor auf geschützte Arten hinweisen, damit diese nicht im Eifer abgerissen werden!) auf ihrem Teilstück sammeln und diese nach Arten getrennt auf Kartons oder anderen Unterlagen sortieren. Die Namen der Arten werden mit Hilfe von Bestimmungsbüchern oder -schlüsseln bestimmt.

Um zu vermeiden, dass überhaupt Pflanzen gepflückt werden, kann man die Kleingruppen auch dazu auffordern, die Pflanzen nur an ihrem Standort zu

bestimmen. Anschließend werden die Ergebnisse dann miteinander verglichen. Gemeinsam überlegt sich die Gruppe nun bestimmte Zeichen, unter denen die Pflanzenarten in den Teilkarten eingetragen werden sollen. Damit die Teilkarten anschließend richtig zu einer Gesamtkarte zusammengelegt werden können, muss auf jeder Teilkarte ein Nordpfeil eingetragen werden.

Anstelle von Pflanzen kann natürlich auch der Tierbestand an einem Gewässer kartiert werden. Dabei müssen alle Tiere und Kleinlebewesen, die an den Pflanzen, auf dem Erdboden oder auch unter Steinen leben, bestimmt und in die Karten eingetragen werden.

Eine kleine Bachmusik

Welches Alter? Jugendliche
Wie viele? Bis 30
Wie lange? 1 bis mehrere Stunden
Womit? Kassettenrekorder und unbespielte Kassetten oder digitales Aufnahmegerät, Tonaufnahmen von klassischer Musik

Das Thema „Wasser" wurde schon von vielen Komponisten aufgegriffen. Ob wir an das „Forellenquintett" von Franz Schubert, die „Moldau" von Friedrich Smetana oder an das Klavierstück „Verträumter Fisch" von Eric Satie denken – Beispiele gibt es genug.

Mit einem Aufnahmegerät werden Geräusche am Bach aufgenommen und mit den Musikbeispielen verglichen. Wie haben es die Komponisten verstanden, Eindrücke und Geräusche aus der Natur in ihren Kompositionen einzufangen und umzusetzen? Mit welchen Instrumenten können wir selbst diese Geräusche nachahmen?

■ Für Bastler

Segel-Regatta

Welches Alter? Vorschulkinder, Kinder
Wie viele? Bis 30
Wie lange? 30 Minuten bis
1 Stunde
Womit? Taschen- oder Schnitzmesser,
Schnur, Rindenstücke, Holzstöckchen,
Blätter oder Papier für die Segel, etwas
Knetmasse zum Anbringen der Segel-
masten

Für den Bootskörper verwendet man
kleine Äste und Hölzchen, die zusammengebunden werden, oder stabile Rindenstücke. Großflächige Blätter oder ein
Stück Papier dienen als Segel. Sie werden über ein Holzstäbchen, den Mast,
gesteckt. Mast und Segel werden jetzt
mit Hilfe der Knetmasse im Bootskörper
befestigt. Man kann aber auch ein
kleines Loch in den Bootskörper bohren,
in das der Mast hineingesteckt wird. Los
geht die Segel-Regatta! Welches Boot ist
das schnellste?

Vom Schnittgut zum Weidensofa

Welches Alter? Vorschulkinder, Kinder
und Jugendliche
Wie viele? Bis 30, mindestens 6
Wie lange? 1 bis 2 Stunden (je nach Grup-
pengröße)
Womit? Ein- bis dreijähriges Astmaterial
von Weide oder Esche; das Material muss
auf jeden Fall dornenlos sein

Jedes Jahr fallen bei der Pflege der Bachufer große Mengen an Weidenschnittgut
an. Im Rahmen eines Projektes oder
einer Aktion zum Thema „Bach" können

Jugendliche in Abstimmung mit der
Gemeinde oder dem Eigentümer bei der
Bachpflege mithelfen. Das dabei anfallende Schnittgut von Weiden und
Eschen lässt sich anschließend wunderbar für den Bau von Weidenzäunen
(siehe Kapitel „Wege und Zäune", Seite
91) oder Weidenbänken verwenden. Die
Grundlage der Weidenbänke sind auch
hier die „Zäune aus Weiden", die in diesem Fall als Seitenwände dienen. Der
Abstand zwischen diesen Seitenwänden
sollte etwa 60 bis 70 cm betragen. Zwischen die mit Locheisen in den Boden
getriebenen Weidenstangen werden die
biegsameren Weitenruten geflochten.
Nun füllt man die entstandene Außen-
form mit Weidenschnittgut auf. Auf den
Boden legt man größere Stücke der restlichen Weidenstangen oder anderes
grobes Material. Nach oben hin wird das
Material immer feiner. Das Weidenmaterial wird so lange angedrückt – am besten setzen Sie sich öfters darauf – bis es
sich angenehm und weich darauf sitzen
lässt. Weidenbänke sind am einfachsten
als kreisrunde Bänke zu erstellen. Bevorzugen Sie längliche Weidenbänke, müssen Sie darauf achten, dass auch an den
Ecken der Weidenbank Weidenstangen
in den Boden getrieben und dünnere
Weidenruten dazwischen verflochten
werden. Gegebenenfalls können Sie mit
einer stabilen Schnur nachhelfen. Das
Weidenmaterial verrottet natürlich mit
der Zeit. Deshalb sind Weidenbänke
auch nur langfristig bequem, wenn Sie
in jedem Frühjahr neues Schnittmaterial
aufschichten und so die ursprüngliche
Höhe und Festigkeit garantieren.

Rund ums Wasser – eine Ausstellung!

Welches Alter? Vorschulkinder, Kinder und Jugendliche
Wie viele? Beliebig
Wie lange? Ein bis mehrere Tage
Womit? Zeichen- und Malbedarf; Papier, Karton oder andere Unterlagen, Nadeln zum Befestigen der Bilder, eventuell ein Ausstellungssystem

Die Kinder und Jugendlichen beobachten über eine bestimmte Zeitdauer – vielleicht sogar über das ganze Jahr – ihren Dorf- oder Heimatbach. Alle Veränderungen im und am Bach werden erfasst und in Bildern oder Zeichnungen dargestellt. Mit dieser Methode können Kinder und Jugendliche besonders gut ihre Beziehung zu diesem Lebensraum darstellen. Jedes Kind oder jeder Jugendliche ordnet sein Bild in der Ausstellung selbst an und stellt sein Werk den anderen vor. Auch Fundstücke, wie zum Beispiel verlassene Schneckenhäuschen, besonders hübsche Steine oder angeschwemmte Dinge können gesammelt und ausgestellt werden. Je vielfältiger die Art der Darstellung – sei es als Zeichnung, Skulptur, Geschichte, Gedicht oder zusätzlich als Modell – desto interessanter und sehenswerter wird die Ausstellung.

Die Wasserkläranlage

Welches Alter? Vorschulkinder, Kinder und Jugendliche
Wie viele? Bis 30
Wie lange? 30 Minuten
Ziel: Erkennen der Funktion einer Kläranlage; Erkennen der Filterfunktion verschiedener Naturmaterialien

Womit? Ein Kaffeefilter mit Filtertüte, zwei größere, leere Einmachgläser (je 1,5 Liter), sechs leere Marmeladengläser, etwas Watte, feinkörniger Kies, Sand, Erde und Löschpapier

Schon mit kleineren Kindern können wir eine einfache Wasserkläranlage bauen. Dazu benötigen wir einen Kaffeefilter, eine Filtertüte, zwei größere Einmachgläser (1,5 Liter), sechs leere Marmeladengläser, Watte, feinkörnigen Kies, Sand, Erde und Löschpapier. Nun nehmen wir mindestens 1,5 Liter gebrauchtes Wasser (beispielsweise Putzwasser) und schütten es durch den mit der Filtertüte ausgelegten Kaffeefilter in das erste, größere Einmachglas. Als Kontrolle gießen wir von diesem Wasser etwa 1/8 Liter in ein leeres Marmeladenglas. Danach legen wir etwas Watte in die Filtertüte und lassen nun das restliche Filtrat in das zweite größere Einmachglas durchlaufen. Auch nach diesem Vorgang entnehmen wir wieder etwa 1/8 Liter von dem Filtrat in ein weiteres Marmeladenglas. Nun bedecken wir die Watte in der Filtertüte mit feinkörnigem Kies und gießen erneut das restliche Filtrat durch den Kaffeefilter zurück in das erste Einmachglas. Die Vorgänge wiederholen sich nun: Auf den Kies füllen wir den Sand, auf diesen die Erde und obenauf das Blatt Löschpapier. Nach jedem Filtrieren entnehmen wir eine Probe von 1/8 l Wasser. Schließlich können wir das zuletzt filtrierte Wasser mit den vorherigen Proben vergleichen. Welche Probe scheint am klarsten zu sein?

Adressen und Infos

Die Akademie für Natur- und Umweltschutz Baden-Württemberg

Akademie für Natur- und Umweltschutz
Baden-Württemberg

Umweltschutz mit und nicht gegen die Menschen, aus Konfliktgegnern Konfliktpartner machen: Mit diesen und anderen Zielen engagiert sich die Akademie für Natur- und Umweltschutz Baden-Württemberg unter anderem in folgenden Bereichen:

- Vernetzung der Umwelt- und Nachhaltigkeitsbildung auch auf internationaler Ebene, internationale kommunale Umweltpartnerschaften
- Förderung frühkindlicher Natur- und Umweltbildung
- Verknüpfung von Wissenschaft und Umweltpraxis
- Forum zum Dialog Umwelt, Wirtschaft und Gesellschaft als Beitrag zur ökologischen Standortsicherung
- Etablierung und Koordination eines landesweiten Netzwerkes zur Umweltbildung und nachhaltigen Entwicklung (www.lnub.de)
- Förderung des Ehrenamtes in den Bereichen Natur- und Umweltvorsorge sowie nachhaltiger Entwicklung
- Kongresse, Seminare, Fachtagungen und Workshops zu Fragen des Naturschutzes, der Umweltvorsorge und der nachhaltigen Entwicklung
- Etablierung von Artenschutz-Netzwerken
- Verknüpfung von Naturschutz, Heimatschutz und Regionalmarketing

Die Umweltakademie Baden-Württemberg ist Mitglied im bundesweiten Arbeitskreis der staatlich getragenen Umweltbildungsstätten (BANU). Diese ist eine Dachorganisation, in welcher die Einrichtungen der Bundesländer zur Bildungsarbeit in Sachen Naturbewahrung, Nachhaltigkeit und Umweltvorsorge als ständige Koordinierungskonferenz zusammengeschlossen sind.

■ Akademien im BANU

- Baden-Württemberg
  Akademie für Natur- und Umweltschutz (Umweltakademie)
  Postanschrift: Postfach 10 34 39,
  D-70029 Stuttgart
  Besucher- und Lieferanschrift:
  Dillmannstr. 3, D-70193 Stuttgart
  www.umweltakademie.
  baden-wuerttemberg.de
- Bayern
  Bayerische Akademie für Naturschutz und Landschaftspflege (ANL)
  Seethaler Straße 6
  D-83410 Laufen
  www.anl.bayern.de
- Brandenburg
  Landeslehrstätte für Naturschutz und Landschaftspflege (LLN)
  „Oderberge Lebus"
  D-15326 Lebus

- Hessen
  Naturschutz-Akademie Hessen (NAH),
  Friedenstraße 38,
  D-35578 Wetzlar
  www.na-hessen.de
- Mecklenburg-Vorpommern
  Landesamt für Umwelt, Naturschutz
  und Geologie Mecklenburg-Vorpom-
  mern
  Landeslehrstätte für Naturschutz
  Goldberger Straße 12
  D-18273 Güstrow
  www.lung.mv-regierung.de
- Niedersachsen
  Alfred Toepfer Akademie für Natur-
  schutz (NNA)
  Hof Möhr
  D-29640 Schneverdingen
  www.nna.de
- Nordrhein-Westfalen
  Natur- und Umweltschutz-Akademie
  NRW (NUA)
  Siemensstraße 5
  D-45610 Recklinghausen
  www.nua.nrw.de
- Rheinland-Pfalz
  Landeszentrale für Umweltaufklärung
  Rheinland-Pfalz
  Kaiser-Friedrich-Straße 1
  D-55116 Mainz
  www.umdenken.de
- Sachsen
  Sächsische Akademie der Sächsischen
  Landesstiftung Natur und Umwelt
  Hauptstr. 7
  D-01737 Hartha-Grillenburg
  www.saechsische-landesstiftung.de
- Sachsen-Anhalt
  Institut für Weiterbildung und Bera-
  tung im Umweltschutz e. V. (IWU)
  Gerhart-Hauptmann-Str. 30
  D-39108 Magdeburg
  www.iwu-umwelt.de

- Schleswig-Holstein
  Akademie für Natur und Umwelt des
  Landes Schleswig-Holstein
  Hamburger Chaussee 25
  D-24220 Flintbek
  www.umweltakademie.landsh.de
- Thüringen
  Thüringer Landesanstalt für Umwelt
  Prüssingstraße 25
  D-07745 Jena
  www.tlug-jena.de

Als Gast im BANU
- Bundesamt für Naturschutz, Außen-
  stelle Internationale Naturschutz-
  akademie
  Insel Vilm (INA)
  D-18581 Putbus
  www.bfn.de
- Bundesamt für Naturschutz
  FG II 1.3., Konstantinstr. 110
  D-53179 Bonn
  www.bfn.de
- Behörde für Umwelt und Gesundheit
  Hamburg, Referat Umweltbildung,
  Abteilung Nachhaltigkeit
  Stadthausbrücke 8
  D-20355 Hamburg

■ **Bildungsstätten im Natur- und
Umweltschutz in der Schweiz**

- Schweizerisches Zentrum für
  Umwelterziehung des WWF
  Rebbergstraße
  CH-4800 Zofingen
- Sanu – Partner für Umweltbildung
  und Nachhaltigkeit
  Postfach 3126
  Dufourstraße 18
  CH-2500 Biel 3
  www.sanu.ch

– Fachstelle Umweltbildung St. Gallen
Profasonweg 10
CH-9476 Fontnas
www.umweltbildung-sg.ch
– Bundesamt für Umwelt (BAFU)
CH-3003 Bern
www.bafu.admin.ch
– Schweizerische Vereinigung für ökologisch bewusste Unternehmensführung (ÖBU)
Obstgartenstraße 28
CH-8035 Zürich
www.oebu.ch

■ **Bildungsstätten für Natur- und Umweltschutz in Österreich**

– Umweltbildungszentrum Steiermark (UBZ)
Brockmanngasse 53
A-8010 Graz
www.ubz-stmk.at
– Oberösterreichische Akademie für Umwelt und Natur
Kärntnerstraße 10-12
A-4021 Linz
www.land-oberoesterreich.gv.at
– Akademie für Umwelt und Energie
Schlossplatz 1
A-2381 Laxenburg
– C3M – Verein für Naturpädagogik und Naturprojekte
Mengergasse 51/1A
A-1210 Wien
www.c3m.at
– Forum Umweltbildung
Alserstraße 21
A-1080 Wien
www.umweltbildung.at

– IFAU-Institut für Angewandte Umweltbildung
Wieserfeldplatz 22
A-4400 Steyr
www.ifau.at

■ **Natur- und Umweltschutzverbände und andere Organisationen in Deutschland**

– Bund für Umwelt und Naturschutz Deutschland (BUND)
Bundesgeschäftsstelle
Am Köllnischen Park 1
D-10179 Berlin
www.bund.net
mailto:bund@bund.net
– Naturschutzbund Deutschland (NABU)
Bundesgeschäftsstelle
Herbert-Rabius-Straße 26
D-53225 Bonn
www.nabu.de
– Arbeitskreis Kinder und Natur
Rotebühlstraße 86 / 1
D-70178 Stuttgart
www.naju-bw.de
– Deutsche Umwelthilfe e.V.
Bundesgeschäftstelle
Fritz-Reichle-Ring 4
D-78315 Radolfzell
www.duh.de
– Stiftung Europäisches Naturerbe
Konstanzer Straße 22
D-78315 Radolfzell
www.euronatur.org
– WWF Deutschland Zentrale
Rebstöcker Str. 55
Postfach 190440
D-60326 Frankfurt
www.wwf.de

Zum Weiterlesen

Informationen über weitere Institutionen und Organisationen zu den verschiedenen Themenfeldern des Natur- und Artenschutzes, der Umwelterziehung oder des allgemeinen Umweltschutzes sind über die Städte und Gemeinden sowie die unteren Naturschutzbehörden der Stadt- und Landkreise erhältlich.

■ Zum Weiterlesen

AICHELE, D. und GOLTE-BECHTLE, M., 2005: Was blüht denn da? – 57. Aufl. Stuttgart (Kosmos).

Akademie für Natur- und Umweltschutz Baden-Württemberg (Hrsg.), 1994: Wir und unser Boden. Ein Kinder-, Lese-, Mal-, Spiel- und Naturerlebnisbuch. – Stuttgart (Thienemanns).

Akademie für Natur- und Umweltschutz Baden-Württemberg (Hrsg.), 1993: Wir und unsere Luft. Ein Kinder-, Lese-, Mal-, Spiel- und Naturerlebnisbuch. – Stuttgart (Thienemanns).

Akademie für Natur- und Umweltschutz Baden-Württemberg (Hrsg.), 1999: Wir und unsere Obstwiesen. Ein Kinder-, Lese-, Mal-, Spiel- und Naturerlebnisbuch. – Stuttgart (Thienemanns).

Akademie für Natur- und Umweltschutz Baden-Württemberg (Hrsg.), 1995: Wir und unsere Tiere. Ein Kinder-, Lese-, Mal-, Spiel- und Naturerlebnisbuch. – Radolfzell (Naturerbe Verlag Jürgen Resch).

Akademie für Natur- und Umweltschutz Baden-Württemberg (Hrsg.), 1996: Wir und unsere Wildpflanzen. Ein Kinder-, Lese-, Mal-, Spiel- und Naturerlebnisbuch. – Konstanz (Stadler).

BARTHEL, P. H. und DOUGALIS, P., 2006: Was fliegt denn da? Der Klassiker. Alle Vogelarten Europas in 1700 Farbbildern. – Stuttgart (Kosmos).

BELLMANN, H., 2003: Der neue Kosmos Schmetterlingsführer. – 1. Aufl. Stuttgart (Kosmos).

BELLMANN, H. et al., 2007: Steinbachs Naturführer für die Familie. – 1. Aufl. Stuttgart (Ulmer).

BELLMANN, H. et al., 2006: Steinbachs Großer Tier- und Pflanzenführer. – 1. Aufl. Stuttgart (Ulmer).

BERGMANN, H. und SCHNEIDER, J., 2005: Gartenspaß für Kinder. – 1. Aufl. München (GU).

BLESSING, K.; HUTTER, C.-P.; LINK, F.-G., 2006: Unsere Obstgärten. Mit Kindern die wunderbare Welt der Streuobstwiesen entdecken. – Stuttgart (Hirzel).

BLESSING, K. und MÄURER, S., 2003: Natur, Ökologie und Nachhaltigkeit im Kindergarten. Ein Lern- und Praxisbuch. – Stuttgart (Hirzel).

BON, M., 2005: Pareys Buch der Pilze. – 1. Aufl. Stuttgart (Kosmos).

CHINERY, M., 2004: Pareys Buch der Insekten. – 1. Aufl. Stuttgart (Kosmos).

ENGELHARDT, W., 2003: Was lebt in Tümpel, Bach und Weiher? – 15. Aufl. Stuttgart (Kosmos).

ERKENBRECHT, I., 2006: Die Kräuterspirale. Bauanleitung, Kräuterportraits, Rezepte. Darmstadt (Pala).

ERKERT, A., 2002: Kinder entdecken die Natur. Erlebnisspiele mit kleinen Kindern. – München (Kösel).

FISCHER-RIZZI, S., 2005: Medizin der Erde – Legenden, Mythen, Heilanwendung und Betrachtung unserer Heilpflanzen. – 2. Aufl. München (AT Verlag).

FITTER, R.; FITTER, A.-H. und BLAMEY, M., 2007: Pareys Blumenbuch. – 1. Aufl. Stuttgart (Kosmos).

GEBHARD, U., 2001: Kind und Natur. Die Bedeutung der Natur für die psychische Entwicklung. – 2. aktualisierte u. erweiterte Aufl. Opladen (Westdeutscher).

GUDJONS, H., 1995: Pädagogisches Grundwissen: Überblick – Kompendium – Studienbuch. – 3. Aufl. Bad Heilbrunn (Klinkhardt).

HAASE, H., 2004: Worldrangers – Ein pädagogischer Beitrag für eine nachhaltige Entwicklung: Hintergründe und Praxisvorschläge für eine zeitgemäße Umweltbildung. – 1. Aufl. Hamburg (Dr. Kova).

HELM, E.-M., 2005: Feld-, Wald- und Wiesenkochbuch. Erkennen, Sammeln und Einkochen von Wildgemüse und Wildfrüchten. – München (Heyne).

HERWIG, M., 2007: Kinderleicht! Familienspaß im Garten, – 1. Aufl. Stuttgart (Kosmos).

HUTTER, C.-P. (Hrsg.); BRIEMLE, G. und FINK, C., 2002: Wiesen, Weiden und anderes Grünland. Biotope erkennen, bestimmen, schützen. – Stuttgart (Hirzel).

HUTTER, C.-P. (Hrsg.); KAPFER, A. und KONOLD, W., 2002: Seen, Teiche, Tümpel und andere Stillgewässer. Biotope erkennen, bestimmen, schützen. – Stuttgart (Hirzel).

HUTTER, C.-P.; BLESSING, K.; LAND, W., 2006: Mit Kindern der Natur auf der Spur. Faszination Tier- und Pflanzenwelt entdecken. – Stuttgart (Hirzel).

HUTTER, C.-P. und LINK, F.-G., 2003: Mit Kindern Bach und Fluss erleben. Fließgewässer – Lebensadern der Landschaft. – Stuttgart (Hirzel).

KIENEGGER, M., 2007: Nützlinge im naturnahen Garten. – 1. Aufl. Wien (AV Buch).

KLEINOD, B., 2002: Erlebnisgärten für Kinder. – Stuttgart (Ulmer).

KREMER, B. P., 2005: Steinbachs Naturführer Bäume. Erkennen und bestimmen. – 2. Aufl. Stuttgart (Ulmer).

KREMER, B. P., 2002: Steinbachs Naturführer Strauchgehölze. Erkennen und bestimmen. – 1. Aufl. Stuttgart (Ulmer).

LUDWIG, H. W., 2002: Tiere in Bach, Fluss, Tümpel, See. – München (BLV).

MANN, D., 2007: Kräutergarten. – Stuttgart (Kosmos).

MATTHEWS, C., 2002: Gartenparadiese für Kinder. – Stuttgart (Kosmos).

MATTHEWS, C. und NICHOLS, C., 2005: Neue Gartenparadiese für Kinder. – Stuttgart (Kosmos).

NEUMEIER, M., 2006: Igel in unserem Garten. – 1. Aufl. Stuttgart (Kosmos).

NEUMEIER, M., 2001: Das Igel-Praxisbuch. Die richtige Pflege, Aufzucht und Unterbringung. – Stuttgart (Kosmos).

OBERHOLZER, A. und LÄSSER, L., 2003: Gärten für Kinder. – 4. Aufl. Stuttgart (Ulmer).

OFTRING, B., 2005: Natur-Entdecker – Gartentiere. – 1. Aufl. Stuttgart (Kosmos).

PARFITT, D., 2006: Baumhäuser. Fantasiewelten selbst gebaut. – 1. Aufl. Stuttgart (Ulmer).

PFEIFER, U., 2003: Obst- und Gemüsegarten. Anbauen und pflegen, ernten und lagern, mit über 30 Portraits. – 1. Aufl. Stuttgart (Kosmos).

PUCHTA, A. und RICHARZ, K., 2006: Steinbachs Großer Vogelführer. – 2. Aufl. Stuttgart (Ulmer).

RICHARZ, K., 2006: Tierspuren. – 1. Aufl. Stuttgart (Ulmer).

RICHARZ, K. und KREMER, B.-P., 2007: Was macht der Maikäfer im Juni? Alltägliches und Rätselhaftes über Pflanzen und Tiere. – Stuttgart (Kosmos).

ROCHE, J. und DREYER, W., 2006: Tierstimmen im Wald. – Stuttgart (Kosmos).

SINGER, D., 2007: Vogeltreffpunkt Futterhaus. – 2. Aufl. Stuttgart (Kosmos).

SPOHN, M. und SPOHN, R., 2007: Welcher Baum ist das? – 1. Aufl. Stuttgart (Kosmos).

WERNSING-BOTTMEYER, B. und BIETZ, C., 2003: Natur-Sach-und-Mach-Buch. Komm, entdecke Bäche und Flüsse. – 1. Aufl. Münster (Coppenrath).

WILDE, K., 2007: Gärtnern mit Kindern. – Stuttgart (Kosmos).

WOLF, R., 2006: Kinder im Garten. Mehr Garten leben. – München (BLV).

WOLL, J., 2001: Alte Kinderspiele. – Stuttgart (Ulmer).

ZAHRADNIK, J., 2002: Der Kosmos-Insektenführer. – 2. Aufl. Stuttgart (Kosmos)

■ Bildquellen

Fotos

Frank Hecker: alle Fotos außer den folgenden:
Claus-Peter Hutter: Seiten 22, 38, 52, 59, 79, 98, 113 o.li., 113 o.re., 120 o., 120 u., 126, 136, 156, 159 o., 159 u.
iStockphoto/Alexander Raths: Umschlagfoto oben
mauritius images/Stock Image: Umschlagfoto unten
Hans Reinhard: Seiten 43, 53, 87, 128/129
Nils Reinhard: Seiten 47, 76, 102
Friedrich Springob: Seiten 178/179

Zeichnungen

Wolfgang Lang, Grafenau

■ Verzeichnis der Spiele

Impressum

In diesem Buch sind bei männlichen Sprach-
formen zugleich Frauen und Männer sowie
Mädchen und Jungen gemeint.

Haftung: Autoren und Verlag haben
sich um richtige und zuverlässige
Angaben bemüht. Fehler können
jedoch nicht vollständig ausgeschlos-
sen werden. Eine Garantie für die
Richtigkeit der Angaben kann aber
nicht gegeben werden. Haftung für
Schäden und Unfälle wird aus keinem
Rechtsgrund übernommen.
Hinweis: Der Verlag ist nicht verant-
wortlich für den Inhalt von Links.

**Bibliografische Information der Deutschen
Nationalbibliothek**
Die Deutsche Nationalbibliothek verzeichnet
diese Publikation in der Deutschen Nationalbib-
liografie; detaillierte bibliografische Daten sind
im Internet über http://dnb.d-nb.de abrufbar.

©1997, 2008 Eugen Ulmer KG
Wollgrasweg 41, 70599 Stuttgart (Hohenheim)
E-Mail: info@ulmer.de
Internet: www.ulmer.de
Projektleitung: Karin Blessing,
Fritz-Gerhard Link
Gesamtredaktion: Silvia Langer
Recherche/Textbeiträge: Susanne Bailer, Karin
Blessing, Dagmar Eisen, Katja Keim, Fritz-
Gerhard Link, Renate Luz, Brigitte Schindzielorz,
Susanne Schmidt-Fischer, Cornelia Wetzel,
Ursula Zimmermann
Lektorat: Ina Vetter, Antje Springorum
Herstellung: Silke Reuter
Umschlagentwurf: red.sign, Anette Vogt,
Stuttgart
Repro: TBM, Remseck
Druck und Bindung: Offizin Andersen Nexö,
Zwenkau
Printed in Germany

ISBN 978-3-8001-5611-5